JN064274

実践

生成AIの教科書

実績豊富な活用事例とノウハウで学ぶ

株式会社日立製作所 Generative AIセンター 監修

リックテレコム

ご案内

●読者フォローアップ情報

本書の刊行後に記載内容の補足や更新が必要となった場合には、下記に「読者フォローアップ情報」として資料を掲示する場合があります。必要に応じ参照してください。

https://www.ric.co.jp/book/contents/pdfs/1398_support.pdf

●正誤表

本書の記載内容には万全を期しておりますが、万一重大な誤り等が見つかった場合は、弊社リックテレコムの正誤表サイトに掲示致します。アクセス先URLは本書奥付（最終ページ）の左下をご覧ください。

注　意

1. 本書は、著者が独自に調査した結果を出版したものです。
2. 本書は万全を期して作成しましたが、万一ご不審な点や誤り、記載漏れ等がありましたら、出版元まで書面にてご連絡ください。
3. 本書は情報提供のみを目的としており、本書の記載内容を運用した結果およびその影響については、上記にかかわらず本書の著者、発行人、発行所、その他関係者のいずれも一切の責任を負いませんので、あらかじめご了承ください。
4. 本書の記載内容は、執筆時点である2024年1月現在において知りうる範囲の情報です。本書に記載されたURLやソフトウェアの内容、インターネットサイトの画面表示内容などは、将来予告なしに変更される場合があります。
5. 本書に掲載されているサンプルプログラムや画面イメージ等は、特定の環境と環境設定において再現される一例です。
6. 本書に掲載されているプログラムコード、図画、写真画像等は著作物であり、これらの作品のうち著作者が明記されているものの著作権は、各々の著作者に帰属します。

商標の扱い等について

1. Python は、Python Software Foundation の登録商標です。
2. 上記のほか、本書に記載されている商品名、サービス名、会社名、団体名、およびそれらのロゴマークは、一般に各社または各団体の商標または登録商標である場合があります。
3. 本書では原則として、本文中においては ™ マーク、Ⓡマーク等の表示を省略させていただきました。
4. 本書の本文中では日本法人の会社名を表記する際に、原則として「株式会社」等を省略した略称を記載しています。また、海外法人の会社名を表記する際には、原則として「Inc.」「Co., Ltd.」等を省略した略称を記載しています。

はじめに

日立グループでは2023年5月、「日立製作所Generative AIセンター」を設立しました。生成AIの知見をもつデータサイエンティストやAI研究者をはじめ、社内IT、情報セキュリティ、法務、品質保証、知的財産管理といった業務のスペシャリストを集結し、リスクマネジメントをしながら生成AI活用を推進するCoE（Center of Excellence）組織です。Generative AIセンターでは、日立グループの様々な業務における生成AIの利用を推進し、生産性向上につなぐノウハウを蓄積するとともに、お客さまにも安心安全な利用環境を提供するという価値創出サイクルを回しています。

元来、日立グループにはデータサイエンティストやAI研究者が多数在籍しており、グループ内および幅広い業種のお客さまと、毎年多くのAI・データ分析プロジェクトを経験しています。その活動を通じて様々な学びがあり、AI・データ分析プロジェクトを成功させるためのノウハウを蓄積してきました。現在、それを生成AIプロジェクトに応用する形で推進中です。本書ではそうしたGenerative AIセンターが持つナレッジの一端をご紹介します。

本書では次のような方々を主な対象読者として想定しています。

①生成AIを業務に適用して生産性を高めたい経営企画部、DX（デジタルトランスフォーメーション）推進部、情報システム部の方々
②生成AIをソフトウェア開発やシステム開発に活用したいシステムエンジニア
③生成AIを業務でフルに活用したい一般のビジネスユーザー
④生成AIを活用して生産性を高めたいデータサイエンティスト
⑤プロンプトエンジニアリングやRAG（Retrieval Augmentation Generation）など、生成AIの活用テクニックを学びたいエンジニア

本書は1章から3章までを「基礎知識編」、4章以降を「ユースケース編」とし、以下の流れで解説します。

■1章　生成AIとは？

生成AIとは何かをご説明します。また、各企業での典型的な取り組みや、日立グループの取り組みもご紹介します。

■2章　生成AI活用に必要なこと

生成AIの活用に必要な、生成AIの関連サービス、システム／環境、利用ガイドライン、デジタル人材についてご紹介します。

■3章　生成AIプロジェクトの進め方

企業内で生成AIプロジェクトをどう進めて行くのか、基本的なプロセスと各ステップでの作業をご紹介します。

■4章～8章　生成AI活用ユースケース

企業における代表的なユースケースをご紹介します。①社内での一般利用（4章）、②システム開発の生産性向上（5章）、③コールセンターでの活用（6章）、④社会インフラの維持・管理での活用（7章）、⑤データサイエンティストによる活用（8章）の5つです。これらのユースケースにおけるプロンプトエンジニアリングやRAGなど、生成AI活用に必要なテクニックも併せてご説明します。

■9章　生成AIの未来

今後、生成AIがどう企業の中で使われていくのか、未来像について考えます。

生成AIは2023年から大きなブームとなり、企業内での活用が始まりましたが、本書を通じて生成AI活用がさらに進むことを期待します。

2023年12月28日　著者一同

目次

第5章 システム開発の生産性向上

第6章 コールセンターでの活用

第7章 社会インフラの維持・管理での活用

基礎知識編

生成AIとは?

本章では、生成AIとは何かをご紹介します。また、各企業での典型的な取り組みや、日立グループ独自の取り組みもご紹介します。

1.1 生成AIとは何か?

1.1.1 生成AIの概要

生成AIとは、膨大なデータを元に訓練された機械学習モデルであり、用途に合わせて「まるで人間が作ったかのような」文章や画像、音声、動画を出力できる人工知能(AI)です(図1.1)。生成したい出力のイメージをテキストで指定するだけで使えるため、誰でも簡単に利用できます。

生成AIは通常、データやコンテンツから学習するDeep Learning（その中でも特にTransformerと呼ばれる最近の技術）により構築された非常に大規模な機械学習モデルのことをさします。これらは大規模言語モデルと呼ばれ、略してLLM（Large Language Model）とも呼ばれます。代表例には、テキストを生成できる「ChatGPT」、画像を生成できる「Stable Diffusion」などがあります。

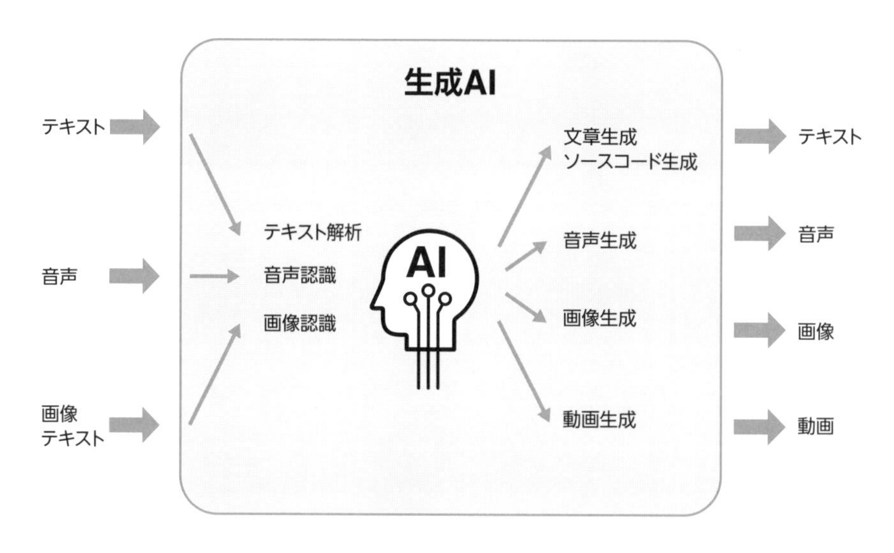

図1.1　生成AIの概要

1.1.2 ChatGPTの登場による生成AIブーム

ChatGPTはOpenAI社が開発し、2022年11月に無償で一般公開された生成AIです。「まるで人間が書いたような文章を生成する」として大きな話題となり、アクティブユーザー1億人に到達するまでにかかった時間がわずか2カ月間だったと言われています。当初は主に一般消費者の関心を集めていましたが、2023年に入って次第に「企業内でも活用できるのではないか？」と、大いに期待されるようになりました。

ChatGPTはインターネット上の膨大なデータを学習して得られた言語モデルを使用してテキストを生成しています。ただし注意も必要です。例えば、「生成AIはもっともらしい嘘をつく」と言われるように、ハルシネーションという特性があります。必ずしも事実だけを生成するわけではなく、ときには間違いを含む文章を生成することがあります。生成AIの特性をよく知り、適切に利用することで、新たな価値が生まれます。

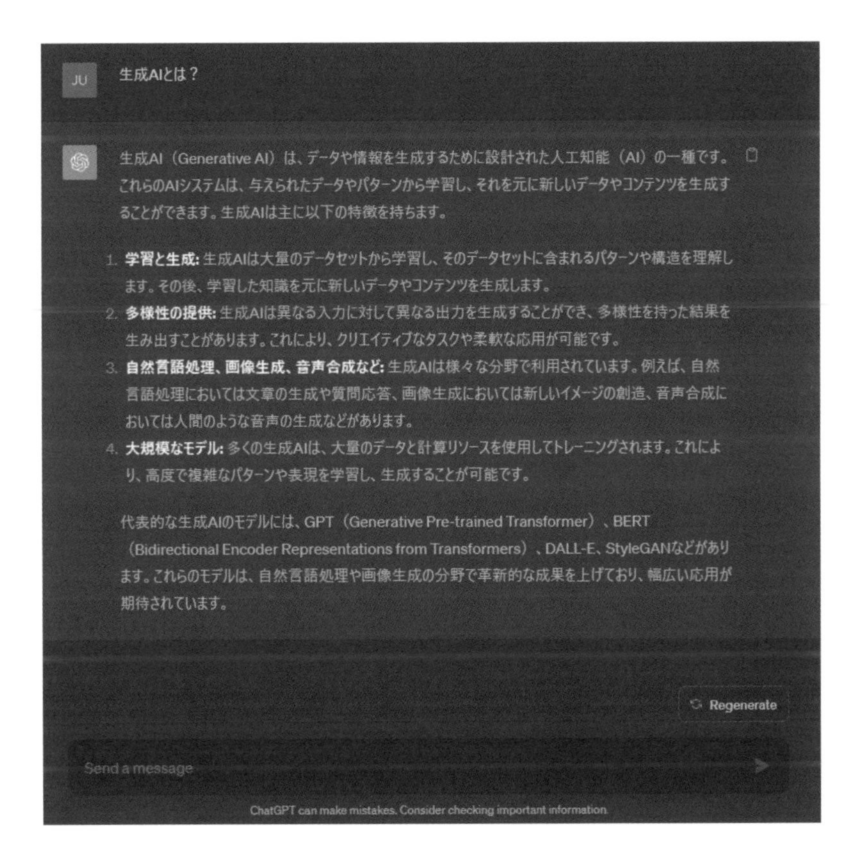

図1.2 ChatGPTの画面イメージ

1.1.3 なぜ生成AI/ChatGPTが注目を集めたのか？

AIの歴史を追いながら説明します。AIの研究開発は、1950年代後半から1960年代の第1次AIブーム以来、ブームが起きては去っての繰り返しです。第1次AIブームの当初は、コンピューターが探索と推論をする点が注目されました。しかし、数学の証明など、単純な問題への回答しかできませんでした。専門知識を必要とする現実社会の複雑な問題には太刀打ちができなかったのです。

その後、1980年代に、現実社会の事実や常識、経験などの知識をコンピューターが解読できる形で蓄積できるようになり、第2次AIブームが起きました。専門知識を取り込んだコンピューターが複雑な問題を推論できるようになったのです。ブームは続くかと思われましたが、コンピューターへの知識の入力は人手に頼っていたため、またもやブームが終息してしまいました。

そして、コンピューターが自動で学習する機械学習やDeep Learningの技術が進歩して、2010年代から第3次AIブームがやってきました。第3次ブームの中、2020年代に大きく発展したのが生成AIです。

従来のAIは用途ごとに開発されていました。例えば、設備の故障を検知するシステムでは機器別にAIを用意しており、活用するのに専門知識も必要でした。しかし、ChatGPTのような生成AIが登場したことで汎用性が高まり、様々な人が利用することで、幅広いユースケースを生み出しやすくなりました。そうして「AIの民主化」とも言える状況になったことが、最近の大きな変化でしょう（図1.3）。誰でも簡単に使えるため、現場からボトムアップで活用法

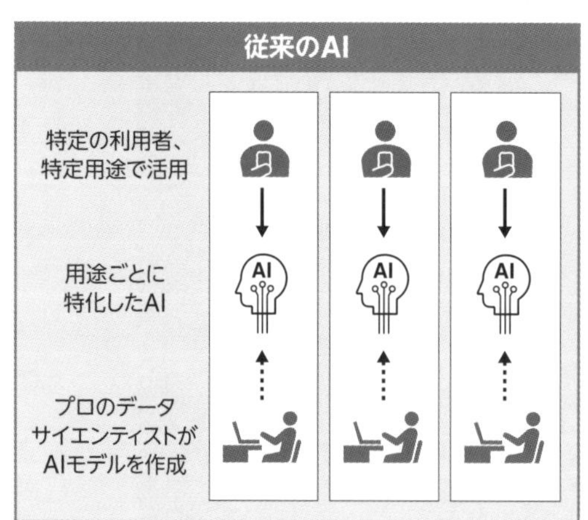

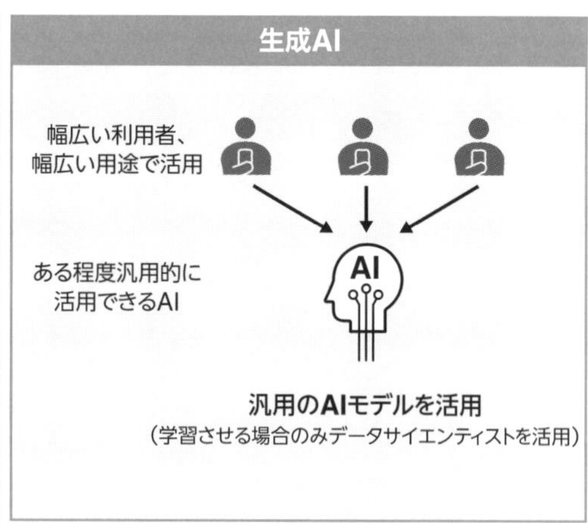

図1.3　AIの民主化

の提案ができます。これによって企業のデジタルトランスフォーメーション（DX）が大きく加速する可能性があります。

Column

生成AIを支える技術「Transformer」

生成AIは、2017年にGoogle社が発表した「Transformer」という技術が支えています。Transformerは膨大な単語を多次元的な数値（ベクトル）に変換して、単語のつながりの予測を繰り返します。これによって、単語の関連性や文脈を極めて高速に学習することを実現しました。

これまでの機械学習の欠点として、その規模を大きくすると、逆に精度が落ちる傾向がありました。しかし、生成AIではこの欠点を克服しており、言語モデルの規模が大きければ大きいほど、こなせる知的作業の数や精度が飛躍的に高まる特徴があります。

これによって、OpenAI社のChatGPTに代表されるような生成AIが急速に実用レベルに達しました。明確な答えのない質問や指示にも、迅速かつ適切に新しいアイデアや選択肢を提示できるようになりました。

1.1.4 ChatGPTの基本的な使い方

ChatGPTは企業の様々な業務で活用することができます（図1.4）。以下にいくつかのケースを挙げます。詳しくは4章「社内での一般利用」で説明します。

- **文書の要約、議事録の作成**：例えばオンライン会議でのトランスクリプトをChatGPTに入力して内容を要約させ、議事録のひな形を作ることができます。
- **メールの文書生成、ドキュメントの作成**：メールや資料などを作成する際、ChatGPTに資料の骨子やその内容のたたき台を考えてもらうことができます。
- **リサーチ作業**：検索エンジンの代わりにChatGPTに自然言語で問い合わせて、結果を得ることができます。
- **文書の翻訳**：ChatGPTは50以上の言語に対応しており、日本語から英語または英語から日本語への翻訳においても適切な文章を生成できます。
- **企画／提案のアイデア出し**：「メタバースを使った新しいサービスのアイデアをいくつか列挙して」など、何か新しいアイデアを出したいときにChatGPTに問い合わせれば、いくつかのアイデアを提示してくれます。
- **プログラミング**：JavaやPythonなどのソースコードやテストケースの生成などができます。

文章の要約、議事録の作成	メールの文書作成、ドキュメントの作成	リサーチ作業
文章の翻訳	企画／提案のアイデア出し	プログラミング

図1.4 ChatGPTの基本的な使い方

1.1.5 ChatGPT活用のリスク

ChatGPTの活用には情報漏えいや著作権侵害、プライバシー侵害など様々なリスクがあり、対策が必要となります。ChatGPTはインターネット上の膨大なデータを集めて学習しており、またAIモデル（大規模言語モデル）を不特定多数のユーザー間で使い回す形でサービスが提供されています。つまり、ChatGPTに個人情報や機密情報を入力すると、その内容をAIモデルが学習をしてしまい、場合によっては機密情報が他のユーザーへの回答に出てきてしまうリスクがあります(図1.5)。

このようなリスクの種類としては以下があります。詳しくは2.3節「利用ガイドライン」で説明します。リスクを適切にコントロールすることで、進化し続ける生成AIのメリットを最大限生かすことができます。

- **情報漏えい**：AIの精度向上を目的に、入力データが学習に活用されることがあるので、機密情報を入力すると、他者に見られてしまうリスクがあります。
- **著作権侵害**：インターネット上の大量のデータを集めて学習させているので、他者の著作物を模倣してしまうリスクがあります。
- **プライバシー侵害**：インターネット上の大量のデータを集めて学習させているので、プライバシーを侵害してしまうリスクがあります。
- **倫理的な観点（AI倫理）での問題**：元データがもつバイアスが反映され、生成されたデータの中に差別的な表現などが含まれてしまうリスクがあります。
- **虚偽情報／ハルシネーション**：学習したインターネット上の大量のデータから、確率的に確からしい文章を生成しているので、事実と異なる文章を生成してしまうリスクがあります。

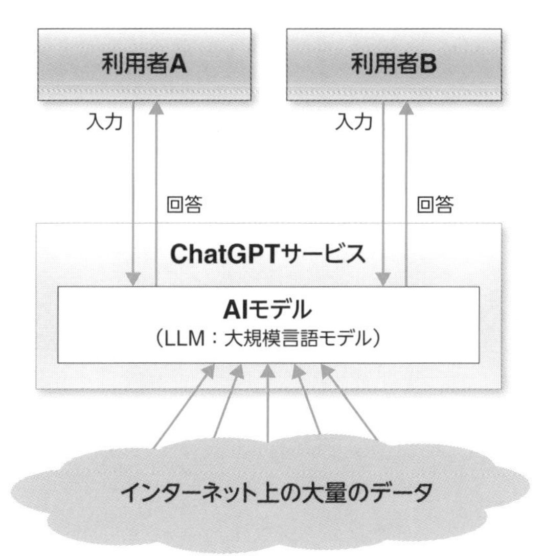

図1.5 ChatGPTの仕掛け

1.1.6 クラウド上のセキュアな生成AI環境

企業の中で生成AIを活用するにあたり、一般的に公開されているChatGPTよりもセキュアな環境が求められるケースがあります。そのようなニーズに対して、Microsoft社やAmazon社などのクラウドベンダーがセキュアな生成AI関連サービスをパブリッククラウドサービスとして提供しています。

- **Microsoft Azure OpenAI Service**
  GPT-3.5やGPT-4といったChatGPTとして提供されている大規模言語モデルを、セキュアなAzure上で提供するサービスです。ChatGPTを提供しているOpenAI社と共同開発されています。最新モデルはOpenAI社が先行して公開し、その後、一定期間を経てAzure OpenAI Serviceから提供される流れとなっています。同じ大規模言語モデルを使用するので、精度に違いはありません。ただし、セキュリティの面で大きな違いがあり、Azure OpenAI Serviceの方が高い機密性を確保できます。

- **Amazon Bedrock**
  AWS上で生成AIを使ったアプリケーションの構築を支援するサービスです。主要な機能として、独自開発のAmazon TitanやAnthropic社Claude、Meta社開発オープンソースのLlama2など複数の大規模言語モデルを単一のAPIで呼び出すことができます。そのほか、アプリケーション構築に必要な機能を備えています。

1.2 企業での取り組み

本節では、各企業での典型的な取り組みをご紹介します。多くの場合、取り組みは以下の順に進めます。

(1)社内の推進体制を確立する
(2)セキュアな社内利用環境を整備する
(3)利用ガイドラインを作成する
(4)各種業務への適用を開始する
(5)社内データを活用する

各ステップでどのようなことを行うか、順に見ていきましょう。

(1)社内の推進体制を確立する

まずは生成AI活用のための推進体制を築く必要があります。一般的には以下のいずれかの部門が中心となり、社内から関係者を集めて組成するケースが多くあります。

- 経営企画部
- DX（デジタルトランスフォーメーション）推進部
- 情報システム部

全社の中で生成AIをどう適用し、どう効果を上げていくのか、計画を立てていく必要があり、通常は経営企画部またはDX推進部がリードして進めていきます。また、社内の利用環境を整備する必要があるため、情報システム部門の参画が必須になります。

(2)セキュアな社内利用環境を整備する

一般に公開されているOpenAI社のChatGPTでは、先述のとおり、入力データがAIの学習に利用されるなどの可能性があります。一方で「社内情報を入力データとして活用したい」というニーズは当然あり、その場合は、よりセキュアな利用環境が求められます。一般的には以下のようなクラウドベンダによるパブリッククラウドサービスを選択するケースが多いです。

- Microsoft Azure OpenAI Service
- Amazon Bedrock

(3)利用ガイドラインを作成する

生成AI活用のリスクを低減するために、セキュアな社内利用環境とともに、「生成AIをどこまで使ってよいか」を明確にするための利用ガイドラインも整備・提供します。一般的には以下のガイドラインや文書を参考にして作るケースが多いです。

- 一般社団法人日本ディープラーニング協会「生成AIの利用ガイドライン」
- 「東京大学の学生の皆さんへ：AIツールの授業における利用について」(ver. 1.0)

また、すでに「パブリッククラウド利用ガイドライン」や「責任のあるAI（Responsible AI）」に向けた原則などを定めている企業も多くあります。その場合は既存のガイドラインを活用しつつ、その上で生成AIに特化した部分のルールを明確化することになります。例えば、生成AIが出力した文章や画像を活用する場合、「生成AIを利用したコンテンツ」であることを明示するなどです。

(4)各種業務への適用を開始する

生成AIは企業の中で様々な業務で活用できます。よくある例を表1.1に示します。より具体的な内容は4章から8章で説明します。

表1.1　各種業務への適用

#	業　務	概　要	詳細な説明
1	社内一般業務での利用	どの部署にもある、資料の要約や翻訳、資料のたたき台作成、アイデア出しなどに活用できる	4章
2	システム開発の生産性向上	システムエンジニアが行う要件定義、基本設計、詳細設計、プログラム開発、テストなど、システム開発の一連の流れで生産性を向上できる	5章
3	コールセンターでの活用	コールセンターのオペレーター作業において、マニュアル調査などの業務を効率化できる	6章
4	設備保守での活用	設備の保守業務などにおいて、マニュアル調査などの業務を効率化できる	7章
5	データサイエンティストによる活用	データサイエンティストが行う仮説立案、データ加工、データ分析作業など一連の流れで生産性を向上できる	8章
6	セールス・マーケティングでの活用	営業担当者が行う提案内容の作成や顧客からの問い合わせに対する応答サポートなどの業務が効率化できる	–
7	コンサルティング業務での活用	クライアントの将来の方向性に対するインサイトを得るなど、コンサルティング作業が効率化できる	–

(5)社内データを活用する

「生成AIに自社内のデータを学習させたい」というニーズはどの企業にもあります。やり方は大きく3つあります。LLM（大規模言語モデル）を①ゼロから構築するパターン、②ファインチューニングするパターン、③RAG（Retrieval Augmented Generation）を用いるパターンの3つです(図1.6)。

3つの中で、③RAGを採用する場合が一般的です。RAGでは既存のLLMをそのまま流用します。学習させたい社内データを、知識DB（Database）またはベクトルDBと呼ばれる専用のデータベースに蓄積し、質問に応じて必要な情報を知識DBから検索・抽出し、LLMに参考情報として渡します。そうすることで、生成AIの出力に社内データを反映させることができます。

	1. ゼロから構築	2. ファインチューニング	3. RAG (Retrieval Augmented Generation)
概要	社内データを含む大規模言語モデルをゼロから構築	既存の大規模言語モデルに対して、社内データの追加学習を行う	大規模言語モデルはそのままとし、社内データを知識DBに蓄積し、コンテストに基づく、情報検索を行う
学習コスト	非常に高価	訓練するパラメータ次第	安価で高速
新規情報の追加	正確ではないが、多くの知識を獲得	明示的ではない	明示的
イメージ	独自LLM	独自データ 既存LLM	連携アプリケーション → 既存LLM 知識DB

図1.6　社内データの学習

RAGの処理方式では、ユーザーが発した自然言語での質問文に応じて、知識DBを検索して質問文に類似する文書を抽出し、質問文と類似の文書をセットにして生成AIに問い合わせます。これによって、社内データを組合せた結果を得ることができます(図1.7)。

この処理方式を実現するためには、生成AIの手前に連携アプリケーションを構築する必要があり、多くの場合、生成AI向け開発フレームワークLangChain（オープンソース）などが使われます。また、「社内データはなるべく社内システムで管理したい」というニーズも多く、その場合、連携アプリケーションはオンプレミスのシステムとして構築し、生成AI部分のみにMicrosoft Azure OpenAI Serviceなどのパブリッククラウドサービスを活用します。

なお、RAGで障壁となりやすいのは、社内データを知識DBへ蓄積するための適切なデータ加工処理です。社内データにはテキストだけでなく図表や画像データが多く含まれており、

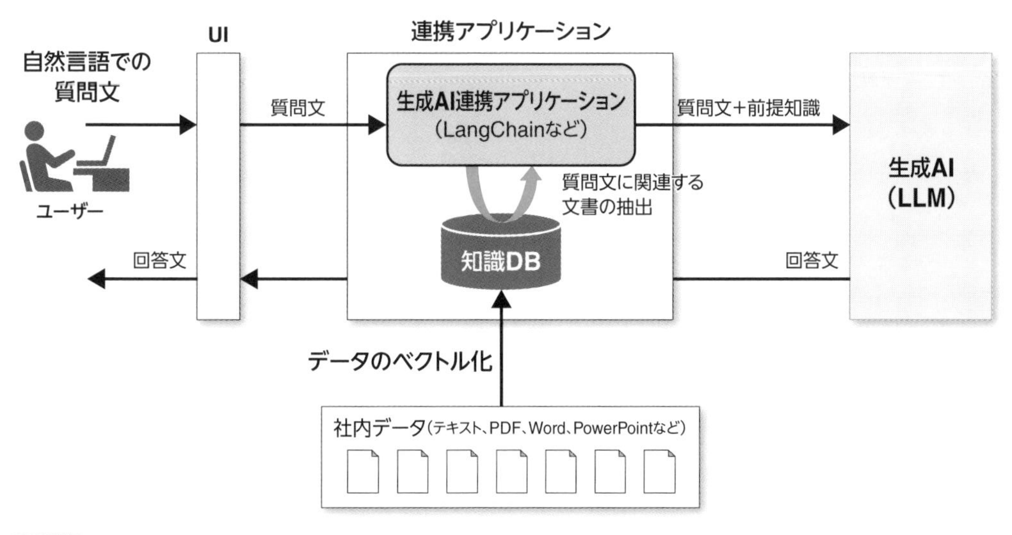

図1.7　RAGを用いた処理方式

これらを生成AIで読み込める形式に整形した上で、適切な検索結果が返ってくるかを検証する必要があります。RAGについて詳しくは6章「コールセンターでの活用」の中で説明します。

Column

DX推進に向けて

企業の中で生成AIの導入が進められています。一方で、新技術の導入にあたって、生成AIに関する議論が、少し前によく見られた“技術ありき”のアプローチに陥ってしまっている危惧があります。

2010年代前半から中盤に数多くのPoC（Proof-of-Concept）が行われましたが、「AI技術を何かしら活用したい」という技術ありきのアプローチで始めた結果、行き詰ってしまう例が多く見られました。その後、2010年代後半以降になると、各企業にDX部門が新設され、「この業務のこの課題を解決したい」という目的志向型でPoCを実施するようになって、成功事例が増えました（図1.8）。これがDX1周目だったと言えます。

ただし、ChatGPTを代表とする生成AIの急激なトレンドにより、「生成AIを何かしら活用したい」という技術ありきのPoCに戻ってしまうケースが増えたように感じます。技術をしっかり見極めるのは重要ですが、目的志向型のアプローチと組み合わせて、セットで進めていくことが望ましいと考えます（図1.9）。それがDX2周目なのだとも言えます。

例えば、コールセンターの人員不足に対してチャットボットを導入するケースが過去にありました。ある程度の効果が上がったと考えられますが、「期待していたほど使われていない」という状況もあるはずです。そこへさらにChatGPTを組合せて、いままで回答できなかった質問にも対応できるようにすることで、さらなる効率化を実現する ことなどが考えられます（図1.10）。

　このように「その技術で何ができるのか」、「その技術で何をしたいのか」という目的の部分を議論していくことが重要です。

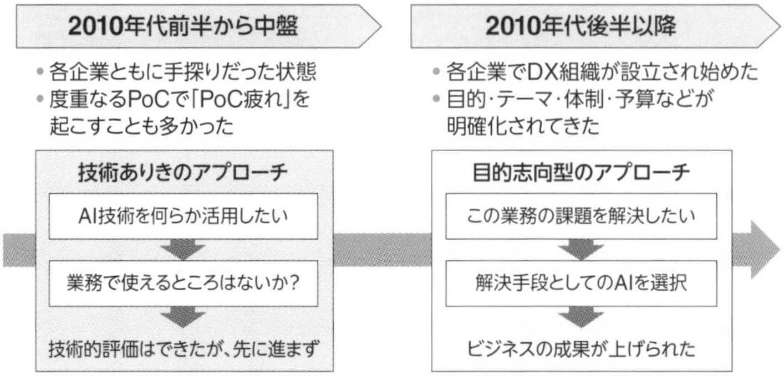

図1.8　2010年代でのAI活用（DX1周目）

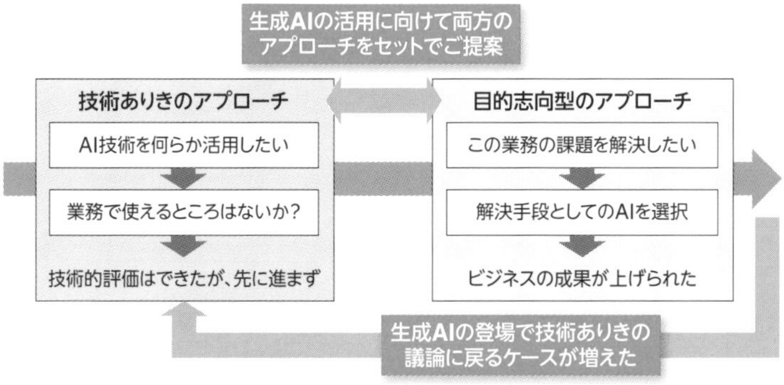

図1.9　生成AI時代のAI活用（DX2周目）

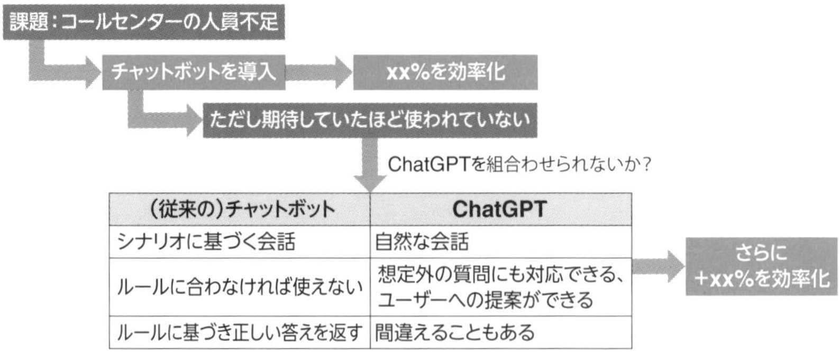

（従来の）チャットボット	ChatGPT
シナリオに基づく会話	自然な会話
ルールに合わなければ使えない	想定外の質問にも対応できる、ユーザーへの提案ができる
ルールに基づき正しい答えを返す	間違えることもある

図1.10　コールセンターでの活用例

1.3 日立グループでの取り組み

1.2節では各企業での典型的な取り組みをご紹介しましたが、本節では日立グループの取り組みをご紹介します。日立グループでは現在、全社への生成AI適用を推進しており、システム開発やカスタマーサービスの生産性向上をめざしています。また、そこで蓄積したナレッジを活用し、お客さまに対してコンサルティングサービスなどの形で提供しています。

1.3.1 イノベーションの加速に向けて

日立グループは生成AIを効果的に活用することで、企業の潜在力をフルに引き出すことをめざしています。日本企業の中には、先人たちが築き上げ、受け継がれてきた知識が数多く蓄積されています。この蓄積は日本企業の強みとして、その活動を下支えしています。一方で、そうした知恵が社内で分散していたり、技術者の暗黙知になっていたりして、十分に生かせていないこともよくあります。

それらの知識を集約することで、日立グループならではの生成AIを開発していくことを私たちは考えています。また、生成AIを活用し、お客さまの強みを拡大するお手伝いをできればと考えています。それを通じて、日本におけるイノベーションの加速と、持続的な経済成長の実現に貢献していきます。

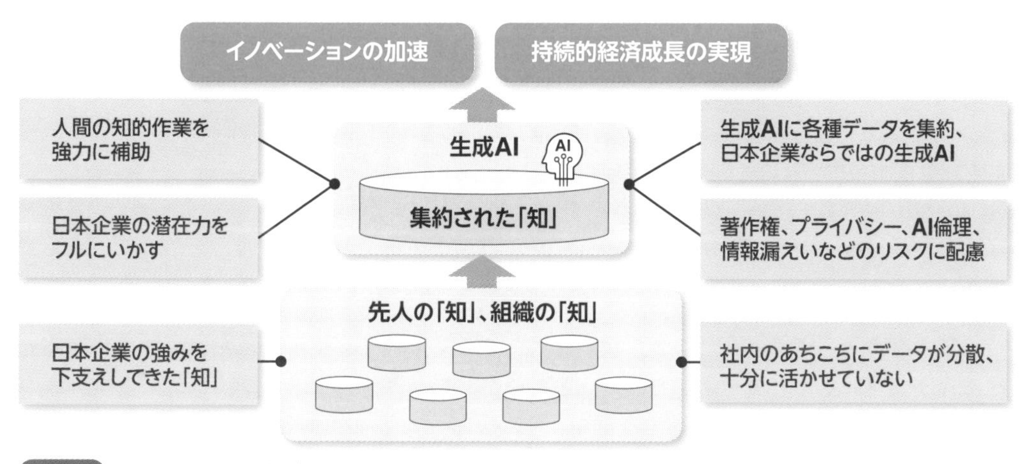

図1.11 イノベーションの加速に向けて

1.3.2 Generative AIセンターの設立

生成AIのリスクを低減し、安全な方法で活用できるようにするには、社内外の様々な知見を掛け合わせる必要があります。そこで日立グループでは、生成AIの知見を有するデータサイエンティストやAI研究者だけでなく、社内IT、セキュリティ、法務、品質保証、知的財産などといった業務のスペシャリストを集結し、リスクマネジメントしながら活用を推進するCoE（Center of Excellence）組織「日立製作所Generative AIセンター」を2023年5月に設立しました（図1.12）。

Generative AIセンターでは、日立社内向けに利用ガイドラインの策定や社内相談窓口の設置、セキュアな社内利用環境の整備などを行なっています。またGenerative AIセンターがハブとなり、日立グループ全体でコミュニティを形成し、ナレッジやノウハウを集約しています。そこで蓄積した知見を、コンサルティングサービスや環境構築・運用支援サービスという形でお客さまに提供しています。

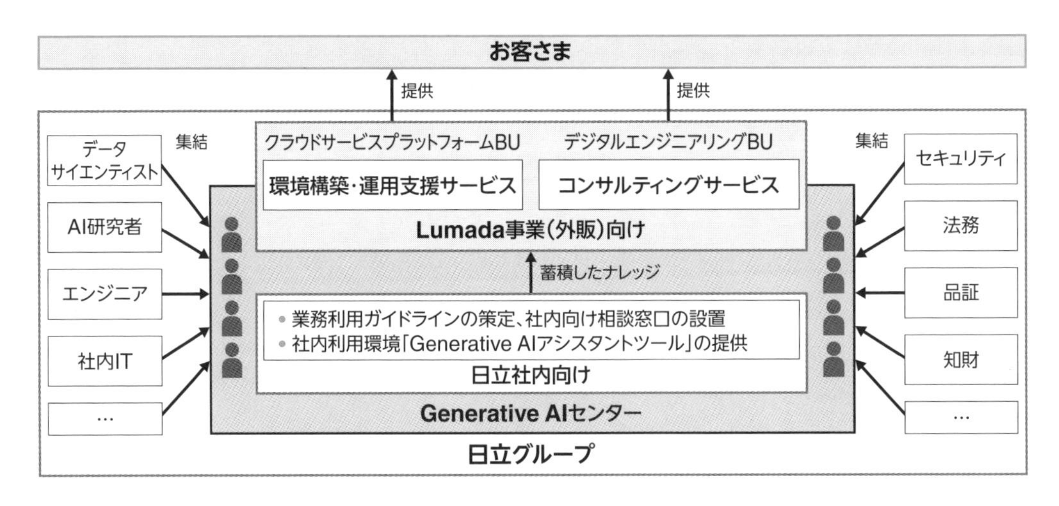

図1.12　日立製作所Generative AIセンターの設立

なおご参考までに、日立グループが取り組むAI関連事業について、歴史を追って説明します（図1.13）。

日立グループでは長年にわたり社会インフラを支えるため、1960年代からデータサイエンスやAIを業務に活用してきました。そうしたなか、ビッグデータおよびAIに対するニーズの高まりにあわせて、2012年に事業部の中にデータサイエンスチームを正式に発足しました。また2018年には、「2021年度までに日立グループ全体でデータサイエンティストを3000名に

図1.13 日立のAI関連事業の流れ

増やす」と宣言しました。2020年には日立グループ内のトップデータサイエンティスト約100名を集結して、Lumada Data Science Lab.（以下、LDSL）を立ち上げました。2023年時点で約250名が所属しています。LDSLのデータサイエンティストチームは、日立グループ内および幅広い業種のお客さまと毎年100件以上のデータサイエンスプロジェクトを経験してきました。その活動を通じて様々な学びがあり、データサイエンスプロジェクトを成功させるためのノウハウを蓄積してきました。

その一方、社会インフラを担う日立として、長年、専門組織による事業支援とガバナンスの継続的な改善に取り組み、見識を深めてきました。2013年には、「プライバシー保護のための取り組み」を強化し、多数のデータ利活用プロジェクトに対して、プライバシーリスクの影響評価やリスク低減施策を実施してきました。その過程で、パーソナルデータの利活用を推進し、実案件での課題や国内外の動向、インシデント対応など、様々なノウハウを蓄積してきました。また、2021年には「AI倫理原則」を策定し、外部有識者による「AI倫理アドバイザリーボード」の助言も受けながら、数百件以上のプロジェクトを評価しています。

今回発足したGenerative AIセンターは、これまでの取り組みを包括的に継承し、生成AIプロジェクトに応用する形で推進しています。

1.3.3 社内利用環境の作成

日立グループでは2023年現在、Microsoft Azure OpenAI Serviceを活用した従業員向けの利用環境を提供中です。サービスの選定条件として以下の3つを重視し、これを満たせるパブリッククラウドサービスを検討した結果、利用環境の一つとしてAzure OpenAI Serviceを採用しました。

- 入力データがAIモデルの学習に使われないこと
- データの所有権を自社で保持できること
- 高度なセキュリティによって保護されていること

なお、環境提供にあたっては、全社導入を一気に進めるのではなく、データサイエンティストなどITリテラシーの高い数百人から始めて、徐々に社内への浸透を図ってきました。日立グループ全体を見わたすと、社員間のITリテラシーレベルにはばらつきがあり、また、生成AIへの関心度も異なります。最初は興味本位で触っていても、やがて関心が薄れて使用頻度が下がってしまっては意味がありません。そこで当初は、様々なユースケースや事例を自作できるメンバーから利用を始め、そこでのナレッジを横展開する形で広げています。

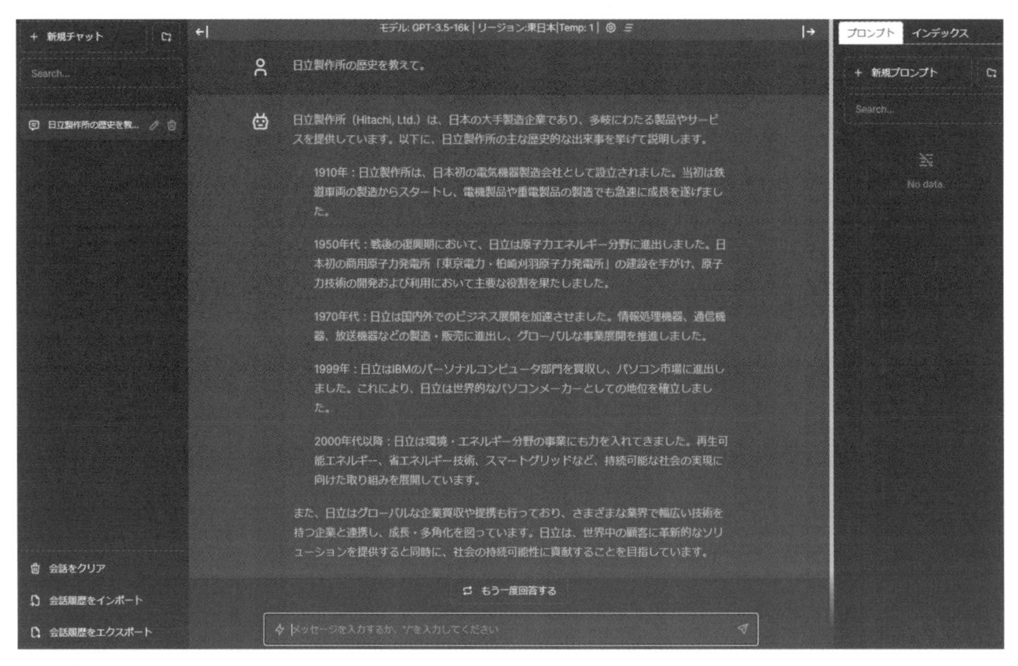

図1.14　社内利用環境の画面例

1.3.4 「生成AI」利用ガイドラインの作成

先述のとおり、生成AIの効果を最大限引き出すには、社内外の様々な知見を掛け合わせる必要があり、特定の部署だけでは対応が困難です。そこで生成AIに対して知見を有するデータサイエンティストやAI研究者と、社内IT、セキュリティ、法務、品質保証、知的財産など業務のスペシャリストを集結して、生成AIに関する利用ガイドラインを作成し、2023年4月に社内公開しました(図1.15)。

日立グループではもともと「プライバシー保護のための取り組み」や「AI倫理原則」、「パブリッククラウド利用ガイドライン」などが各種整備されていたため、生成AIに特化した部分のみにフォーカスしてガイドラインを定めました。特に生成AIへのインプット、もしくは生成AIからのアウトプットをどう扱うかがポイントになりました。

また、生成AIに関するパブリッククラウドサービスの仕様や規約の変更が激しいため、毎月もしくは隔月の頻度で利用ガイドラインを継続的に更新しています。さらに相談窓口を設置して、利用ガイドラインではカバーが難しい問い合わせや相談にも対応しています。詳しくは2.3節「利用ガイドライン」で説明します。

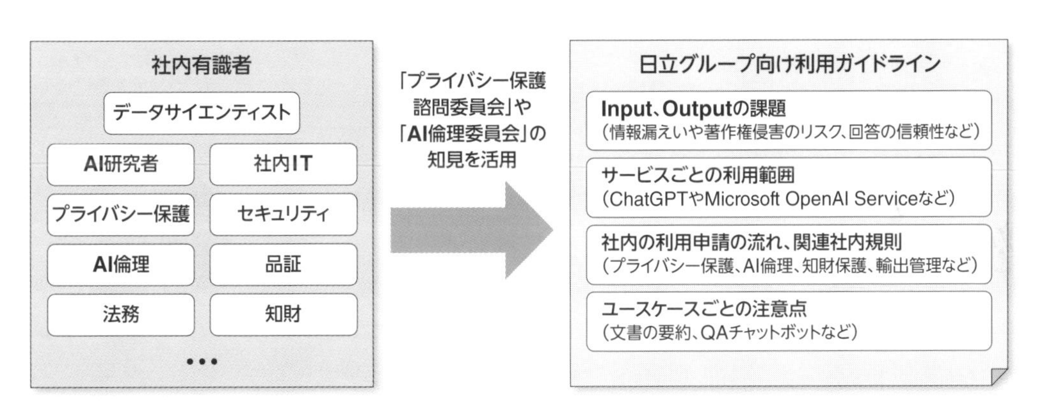

図1.15 利用ガイドラインの作成

1.3.5 各種業務への適用

日立グループの中では以下の2つを軸に生成AIの適用を推進中です。

(1)システム開発の生産性向上
(2)カスタマーサービスの生産性向上

まず、システム開発についてです。日立グループでは数多くのシステム開発を行っていますが、その中で、かねてからソースコードの作成や品質管理といったプロセスに対し、デジタル技術を用いて支援してきました。これに加えて、生成AIの活用によってサポート範囲の拡大と高度化を行ない、要件定義、システムの基本設計、各種ドキュメント作成などの自動化や、生成AIによるソースコードの作成支援などを行っていく方向です。日立グループでは2027年度までにシステム開発の生産性を約3割向上させることを目標にしており、そのためにも、既存の支援技術と生成AIの組み合わせなどに関する技術検証を進めています(図1.16)。

システム開発への生成AI適用について、詳しくは5章「システム開発の生産性向上」で説明します。

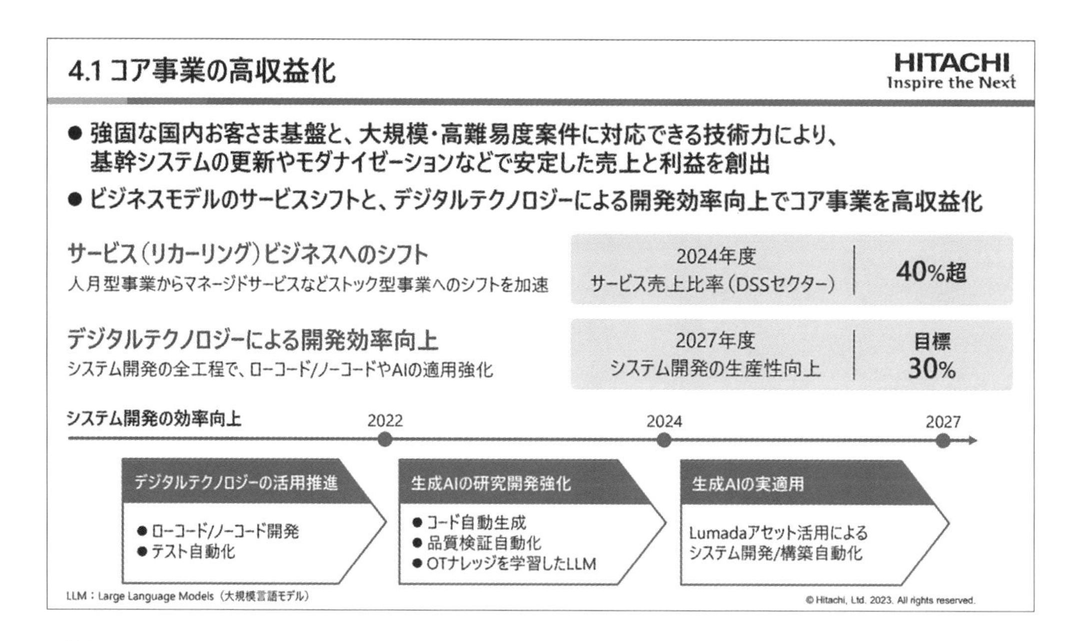

図1.16 システム開発の効率向上(Hitachi Investor Day 2023資料より)

続いて、カスタマーサービスの生産性向上についてです。日立グループの様々な事業に付随して、コールセンターや製品保守・設備保守事業があります。そこに生成AIを適用し、日立全社でナレッジを共有しながら、業務効率化をめざしています(図1.17)。

コールセンターへの生成AI適用について、詳しくは6章「コールセンターでの活用」で説明します。また、製品保守・設備保守への生成AI適用について、詳しくは7章「社会インフラの維持・管理での活用」で説明します。

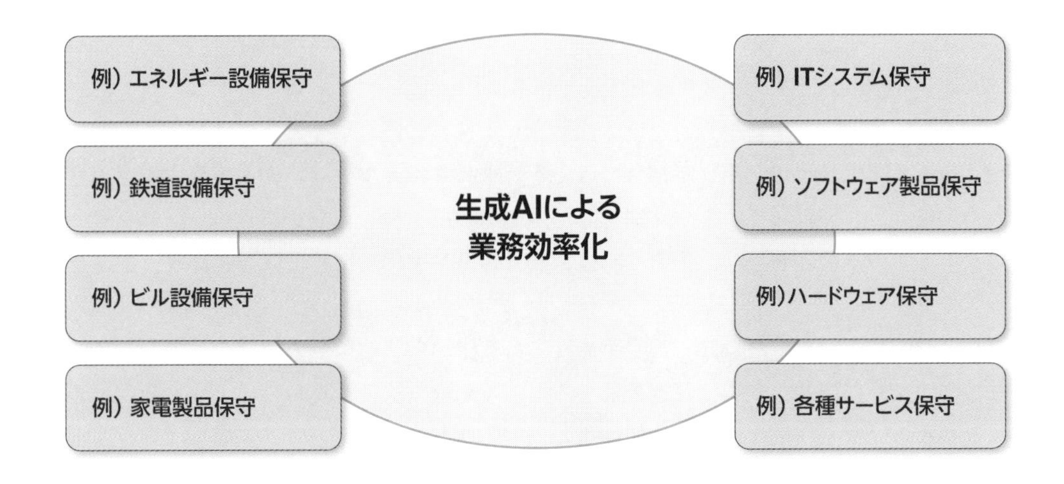

図1.17　各種保守業務の効率化

さらに2023年12月には、生成AIを活用した全社AIトランスフォーメーション推進のため「Chief AI Transformation Officer(CAXO)」を新設し、グリーンエナジー＆モビリティセクター、コネクティブインダストリーズセクター、デジタルシステム＆サービスセクターの3セクターそれぞれに配置しました。CAXOにより、AIトランスフォーメーションの全社戦略の各セクター内での連携、浸透を担い、業務知見に基づいて各セクターのAIトランスフォーメーションの実行をリードしています。また各セクター間のハブとなり、業務での実証結果や技術・ノウハウをシームレスに共有し、ベストプラクティスの蓄積や知見の掛け合わせによるシナジー創出を促進することで、生成AIによる社内プロセス変革をめざす全社プロジェクトの取り組みを加速しています。

1.3.6 ユースケースの創生

日立グループでは文書の要約や翻訳など、数百件以上のユースケースに対する生成AIの適用を進めています（図1.18）。まずはITリテラシーの高い従業員にユースケースアイデアの仮説を出してもらい、それらが生成AIで実現できるか検証を進めました。その結果、どれだけ生産性が向上するのか、どれだけ多くの従業員に貢献できるのかなどを計算し、各ユースケースの効果の大きさを見ています。また、それぞれのユースケースの業務改善効果について、日立グループ全体でナレッジの共有を図っています。

ただしユースケースを増やしただけでは、多くの社員に使ってもらうのは難しいと考えました。そこで、生成AIの利用に不慣れな人でも、求める答えを生成AIから容易に引き出せるような環境づくりを行っています。例えば、生成AIで議事録の作成を行う場合、ユーザーがテキストや音声ファイルなどを入力すれば、後はボタンを押すだけで議事録が仕上がる仕組みなどです。

また、利用者を増やすために、若手従業員によるChatGPT勉強会の開催や、ChatGPT活用方法の記事を社内広報の一環で毎週公開するといった取り組みも進めています。社内広報では、提案書のひな型作成や調査・読解作業の効率化など、業務内での具体的な活用方法を紹介するだけでなく、英語学習への活用方法など、プライベートでの使い方も紹介しています。このようにボトムアップでユースケースを創出しつつ、社内発表会などを通じて情報共有を図っています。

図1.18 ユースケースの創生

1.3.7 デジタル人材の育成

生成AIをうまく業務で活用していくには、社内の利用環境を準備するだけではなく、それを利用するためのデジタル人材が求められます。日立グループは以前からデジタル人材育成に注力しており、2024年度 9万8000人（国内3万9000人、海外5万9000人）をめざしています。これらのデジタル技術に明るい人材を活用し、生成AIの活用を推進しています。

人材育成について、詳しくは2.4節「デジタル人材(プロンプトエンジニア)」で説明します。

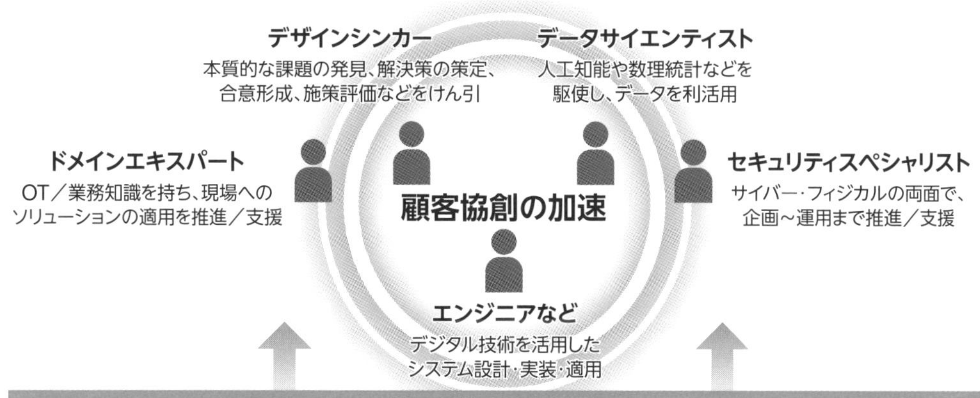

図1.19 デジタル人材の育成

生成AI活用に必要なこと

生成AIを活用するには、生成AIサービスの選択・導入、システム構築、利用ガイドラインの整備、人材育成などが必要になります。本章ではそれらの基本的な考え方を紹介します。

2.1 生成AIサービス

本節では、テキスト生成をはじめとする主要な生成AIサービスを紹介します。なお、本章の情報は、2023年12月時点のものであり、今後変わる可能性があることを念頭に置いてください。

2.1.1 一般公開テキスト生成AIサービス

まずはChatGPTに代表されるテキスト生成AIサービスを紹介します。一般公開されているテキスト生成AIサービスを実際に自社のサービスに組み込む際には、それぞれの特徴を理解し、目的に適したものを選択することが重要です。

● ChatGPT

ChatGPTはOpenAI社によって開発された対話型AIサービスです。OpenAI社が開発したGPT（Generative Pre-Trained Transformer）モデルを元にしており、言語系生成AIブームに火をつけたと言える存在です。主にテキストベースの対話生成に重点を置いており、ユーザーからの質問やプロンプトに対して、詳細かつ情報に基づいた回答を提供することができます。テキストの要約、資料草案の作成、情報の検索など、多岐にわたる用途に利用できます。

● Copilot（旧Bing AI）

CopilotはMicrosoft社が提供するBing検索エンジンに統合されたAI機能です。OpenAI社のGPTモデルを使用しており、人に質問をするような文章での検索が可能です。また、生成された回答は、Web検索による情報源に基づいた回答となることが特徴です。

● Claude

ClaudeはAnthropic社が開発したAIです。同社はOpenAI社の元メンバーによって設立されました。ChatGPT類似の対話型チャットAIですが、内部に独自モデルを用いており、入力文字数（トークン数）や回答内容 に違いがあります。

● Bard

BardはGoogle社によって開発された対話型AIサービスです。Google社が開発したPaLM2（Pathways Language Model）モデルを元にしており、ユーザーからの質問に対して自然な回答を返します。BardはGoogle検索と連動することで、よりリアルタイム性の高い情報源に基づいた回答ができる点が特徴です。

2.1.2 企業向けテキスト生成AIサービス

クラウドベンダー各社は、テキスト生成AIモデルを自社のクラウド基盤上で利用できるよう、連携を強化しています。それぞれのクラウド上のサービスとシームレスに統合でき、既存のクラウド基盤からAIモデルを利用することができます。ここでは、Azure OpenAI ServiceとAmazon Bedrock、Google Cloud Vertex AIの3つについて紹介します。それぞれのクラウドリソースから利用することで、内部に閉じた通信でセキュアにAPIを利用できる点と、既存の認証を活用できる点が大きなポイントとなります。

● Azure OpenAI Service

Azure OpenAI Serviceは、Microsoft Azureのプラットフォーム上で提供され、OpenAI社の先進的なAIモデルを利用できます。これらのモデルは、自然言語処理、テキスト生成、画像生成など、様々な用途に適用可能です。

また、Azure Active Directoryを通じて統一された認証を利用でき、Azure上のリソースからであれば、外部への通信を発生させずに利用できるという強みがあります。

● Amazon Bedrock

Amazon Bedrockは、Amazon Web Services（AWS）上で提供され、AWSのテキスト分析、音声認識、画像認識などといったAWSの各種AIサービスと簡単に組み合わせて使うことができます。API認証には、AWSの他のサービスと同様AWS Identity and Access Management（IAM）を利用しており、安全なアクセス管理を提供します。これにより、細かいアクセス権限の設定や、セキュリティポリシーの適用が可能となります。

利用可能なAIモデルには、独自開発のAmazon TitanやAnthropic社Claude、Meta社開発オープンソースのLlama2など複数あり、ユースケースに合わせてモデルを選定できる強みがあります。

● Google Cloud Vertex AI

Google Cloud Vertex AIは、Google Cloud上で提供されるサービスです。Google Bardに採用されているPaLM2モデルを元にしたチャットモデルPaLM for Text and Chatや、ソフトウェア開発支援に特化したCodey for Text-to-Code等のAIモデルを企業向けに提供しています。また、Generative AI App Builderを用いれば、自社データとLLMを組み合わせたチャットボットや、Googleクオリティの対話型検索機能を容易に開発することができます。さらに、モデルチューニングの際には、教師データを用いた教師ありチューニングのほか、人間からのフィードバックを用いた強化学習にも対応している強みがあります。

2.1.3 生成AIサービス選定の観点

OpenAI社が最も早く生成AIモデルChatGPT（GPT-3.5）を開発・発表して、生成AIブームに火をつけました。ChatGPTの発表から1年以上経過した本書執筆時点においても、最新の機能の実装ではChatGPTが先行している印象です。モデルの精度向上だけでなく、Web検索との連携や、ノーコードで独自モデルを構築できる機能など、他のサービスにはない機能を有しています。

このOpenAI 社のモデルは、Azure以外のクラウドサービスでは提供されておらず、企業での利用に関して当初は、Azure OpenAI Serviceが第一候補となるケースが多かったと思われます。しかしAmazon Bedrockなどの競合サービスが出始めたことに加え、生成AI開発フレームワークLangChainなどのオープンソースから各AIモデルを簡単に利用できるようになっています。

また、Amazon BedrockではClaudeのほか、Llama2などのオープンソースも選択できるようになっています。こうしたことから、今後は利用コストや既存のクラウド機能の使いやすさ、AIモデルのラインナップなどにより、使用するサービスを選ぶとよいかもしれません。

また、クラウドベンダー選定の際には、生成AIサービスのスペックだけでなく、システム化の際に用いる周辺サービスの構築容易性や運用性にも目を向ける必要があります。要件に応じて複数のクラウドベンダーを採用し、それらのサービスを組み合わせたシステムの構築が必要になる可能性もあります。

文章の生成精度はこの1年で飛躍的に高まり、今後も向上すると見込まれるので、各サービスの発表をウォッチすることが重要です。AIモデルを活用した連携アプリケーションを開発するエンジニアは、それぞれのサービスのAPIを漏れなく利用できるようにスキルを磨いておくことが必要となるでしょう。このような流れについていくためには、特定のサービスだけに固執せず、新たなサービスを柔軟に取り入れて試せる環境が求められます。

表2.1　主要なテキスト生成AIサービス

サービス名	開発元	Webアプリケーション	API	AIモデル
ChatGPT	OpenAI	○	○	独自AI
Copilot(旧Bing AI)	Microsoft	○	×	OpenAI社の言語モデルを利用
Claude	Anthropic	○	○	独自AI
Bard	Google	○	×	独自AI
Azure OpenAI Service	Microsoft	×	○	OpenAI社の言語モデルを利用
Amazon Bedrock	Amazon Web Service	×	○	独自AI(Amazon Titan)、Claude、ほか
Google Cloud Vertex AI	Google	×	○	独自AI、ほか

2.1.4 画像生成AI

画像生成AIは、ユーザーの指示した文章に基づいた画像を生成する人工知能の一種です。この技術は、芸術、デザイン、エンターテイメントなど多岐にわたる分野で注目されています。

ユーザーは、簡単な説明や指示をテキストで入力します。例えば、「月でピザを食べるロボット」といった指示をすると、画像生成AIはその指示を視覚化した画像を生成します。この過程では、AIが複数のアイデアを組み合わせ、それまでに存在しなかった独創的な画像を作り出します。

図2.1　DALL-Eが生成した画像：「月でピザを食べるロボット」

● DALL-E

DALL-Eは、OpenAI社によって開発された画像生成AIです。ユーザーが入力したテキストに基づいて、画像を生成することができます。高度なAI技術を活用した高品質な画像生成が可能です。また、生成された画像は商用利用可能です。現在は、有償サービスChatGPT PlusにDALL-Eモデルによる画像生成機能が統合されており、テキスト生成と画像生成の両機能が利用可能になっています。

● Midjourney

Midjourneyも、テキストを入力するとそれに沿った画像を出力してくれるサービスであり、画像生成AIの1つです。チャットツール「Discord」のBotコマンドを使用して、簡単に高精度な画像を自動生成することができます。他の画像生成AI同様、商用利用も可能です。

以前は無料版（Free Trial）があり、25回まで無料で利用できましたが、本書執筆時点（2023年12月）では利用が停止されています。

● Stable Diffusion

Stable Diffusionは、Stability AI社によって開発された画像生成AIです。 ユーザーが入力したテキストに基づいた画像生成、ユーザーが入力した画像に基づいた画像生成が可能です。また、他の画像生成AI同様、商用利用も可能です。 ソースコード及び学習済のモデルがオープンソースとして公開されているため、オンプレミス環境にて利用可能なことが大きな特徴です。

● Adobe Firefly

Adobe Fireflyは、画像生成とテキスト効果生成に重点を置いたAdobe製品の新しいサービスです。 FireflyはWebベースのスタンドアロンアプリケーションとして利用可能であり、専用のWebサイト（firefly.adobe.com）からアクセスできます。Adobe社の既存のクリエイティブソフトウェアと連携して使用することが想定されています。商業用途で利用制限が解除されたEnterprise版があり、「Fireflyの生成物に対して知的財産権に関する申し立てが発生した場合には、顧客を保証する」という発表をAdobe社が行ったことが話題を呼びました。

2.2 システムと環境

本節では、生成AIを活用するにあたり、必要となるシステムと環境について説明します。

2.2.1 一般公開サービスの利用か専用システムの構築か?

一般的に、生成AIを活用するための専用システムを構築するには時間がかかります。そのため、まずは2.1節で紹介したような一般公開サービスをそのまま利用するという選択肢があります。生成AIに対する入力情報に業務情報を含まないユースケース、あるいは社内の独自情報を加味した回答が不要なユースケースが中心であれば、機能的に一般公開サービスの利用で十分な場合もあります。

一般公開サービスを利用する際には、入力情報がどのように扱われるか、例えばサービス提供側に入力情報が保存されるのか、AIの学習情報に使われるか等を確認し、そのリスクを十分に検討した上で利用するサービスを選択する必要があります。

一方、生成AIに対する入力情報に業務情報を含むユースケース、または社内独自情報を加味した回答が必要なユースケースを中心とする場合には、専用システムの構築が必要になります。

以下では専用システムを構築するうえで注意すべきポイントの概要を説明します。専用システムの要件は、適用するユースケースごとに個別に検討する必要があるので、詳細は3章を参照してください。

2.2.2 生成AIモデルをどこに構築するか?

(1)パブリッククラウド環境における生成AIモデル

第一に、クラウドベンダー各社が提供している生成AIモデルのサービスを利用することを検討します。サービスの概要や選定の観点については2.1節を参照してください。

(2)オンプレミス環境における生成AIモデル

扱う情報の性質等、何らかの観点でパブリッククラウドの利用が不可の場合には、オンプレミス環境に構築したサーバーに、ローカルの生成AIモデルを構築することを検討します。

ハードウェアには、CPU、メモリー、GPU等、高スペックなサーバーが必要となることが多いので注意が必要です。

ソフトウェアには、オープンソースベースのローカルAIモデルの利用、あるいは独自データを追加学習（ファインチューニング）したAIモデルを利用するのが一般的です。オープンソースを使う場合、許諾されているライセンスの範囲を確認する必要があります。無料で入手可能だからといって、必ずしも業務に利用してよいとは限りません。例えば、学術的な目的のみに限定しているライセンスかもしれません。

2.2.3 周辺システムの構築

専用システムの構築では、生成AIモデルを使うための周辺システムを整備しなければなりません。本システムの構成イメージを図2.2に示します。主に以下のような要素を検討する必要があります。

(1)ユーザーインタフェース

どのようなユーザーインタフェースが最適かは、適用するユースケースによって大きく異なりますが、まずは簡易的なものからスタートすることをお勧めします。オープンソースを活用するか、クラウドベンダー各社が提供しているサンプルプログラムを活用することで、スピード感をもった構築が可能となります。

システムを迅速に立ち上げるために、コンテナベースの環境を用意しておくことをお勧めします。特にパブリッククラウドを利用する場合、サーバーレスアーキテクチャーを採用しておけば、運用時のコストを最小化できる等のメリットを得ることができます。

(2)生成AI連携アプリケーション

生成AIを最大限活用するため、生成AIの呼び出しを管理する生成AI連携アプリケーションを構築することが多いです。生成AI連携アプリケーション構築の大きな狙いは以下の2つです。

①複数の生成AIモデルを切り替える構成

生成AIモデルは日々新しいものがリリースされており、システム構築時に最も精度が高いモデルを採用したとしても、さらによいモデルが後からリリースされることは日常茶飯事です。初めから別の生成AIモデルに切り替え可能なシステムを構成しておけば、比較的容易に最新のモデルへの追従が可能となります。

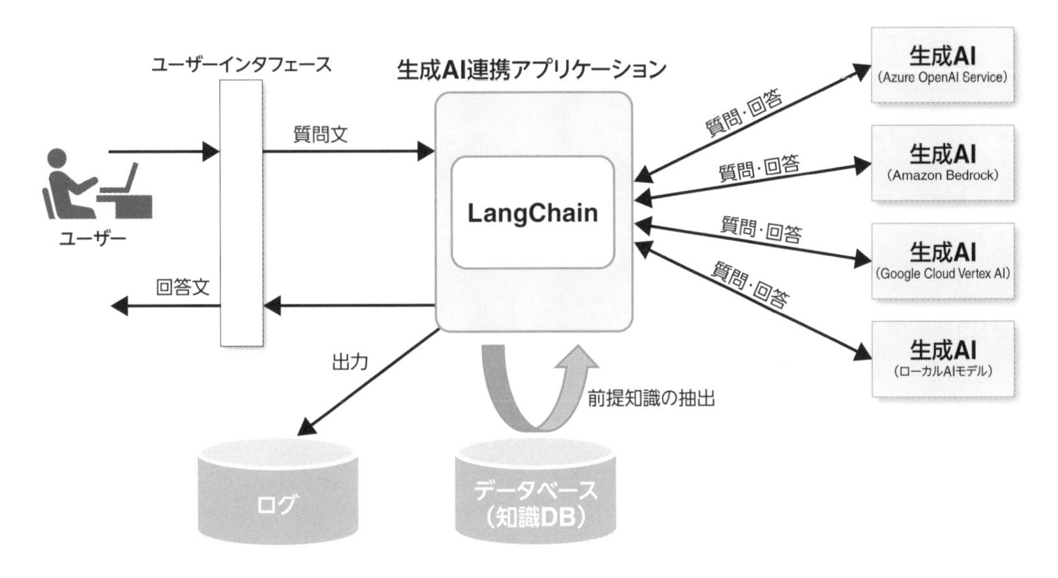

図2.2　システム構成のイメージ

その代表的な手法として、LangChainのようなオープンソースを活用する手法があります。LangChainは様々な生成AIモデルの呼び出しに対応しており、各種生成AIモデルの差分を、ある程度吸収してくれるような機能を有しています。そのため、LangChain経由で各生成AIモデルを呼び出すようにすることで、切り替え可能なシステム構成を実現できます。

なお、LangChainは高機能な反面、品質面についてはまだ安定しているとは言い難い状況です。そのため、LangChainを直接呼び出すのではなく、ラッパーを経由するようにしておくことを推奨します。そうすれば、今後LangChainの後継となるようなフレームワークが登場した際にも、容易に乗り換えができるようになります。

②社内データと連携する構成（RAG）

生成AIの出力に社内データを反映させる代表的な構成としてRAG（Retrieval Augmented Generation）構成があります。LangChainのような生成AI向け開発フレームワークを活用することで、RAG構成を比較的容易に構築できます。LangChain採用にあたっての注意事項は前述のとおりです。

(3) データベース

知識DBを構築するためのデータベースに何を採用するかについては、RAG構成における関連情報の検索精度に影響を与える可能性が高く、重要な検討ポイントになります。

オープンソースベースのベクトルDBを採用する場合、ソフトウェアライセンスやメモリー、ストレージ容量等のマシンスペックに注意が必要です。
　クラウドベンダーが提供しているマネージドサービス（Azure AI Search、Amazon Kendra、Amazon OpenSearch Service、Google Vertex AI Matching Engine等）を活用すれば、高速かつ高機能な検索エンジンが利用可能です。また、運用時のコストを最小化できる等のメリットを得ることもできます。一方で、クラウド上に機密情報をアップロードすることのリスクについて、十分な検討が必要です。

(4)ログ

　生成AIシステムでは、どのように利用されるかを記録・分析することが重要になってきます。その性質上、ログには機密情報や個人情報が含まれる可能性が高く、どこに保存するのかという点にも十分な検討が必要です。

2.3 利用ガイドライン

生成AIは強力なツールであり、社内にある各種データを有効活用できれば、より一層利用価値を高めることができます。そのためには、情報セキュリティ、個人情報保護、知的財産権等といった既存のルールとの整合性を明確にし、コンプライアンス上も安心して利用できるようにしておく必要があるでしょう。そこで、まずは組織内において利用ガイドラインを策定し、生成AIに関するリスクを正しく認識し、既存のルールの中で守るべきポイント、まだルール化されていないが注意すべきポイントを周知することが重要です。このことが、リスクを適切に管理しながら、生成AIの利活用を進めていくことにつながります。

2.3.1 利用ガイドラインの必要性

生成AIが注目を集め、新たな活用方法が次から次へと生み出され、日々新機能がリリースされていく中で、業務利用による生産性向上への期待が高まっています。一方で、生成AIの活用に対する懸念も指摘され、ニュース記事で取り上げられたり、訴訟が起こされたり、政府による 規制やガイドラインの策定等のルール作りに向けた議論が進んでいます。

利用ガイドラインは、法令や技術標準、その運用のために政府が発行しているガイドライン、学術的な知見等を総合的に勘案して作成します。既存の社内ルールとの整合性も重要なポイントです。例えば、情報セキュリティについて既に社内ルールが整備されている場合は、それらを遵守することが求められます。

利用ガイドラインを整備してそれを遵守するだけでは完全ではない、ということにも留意が必要です。生成AIはまだ登場から間もなく、技術や使い方が発展し続けているため、ガイドラインとして 明確な判断基準が示されていない状況に遭遇することがあります。また、ガイドラインとして一般的に記載すると、原則としては制約せざるを得ないことがありますが、個別の状況を勘案することで、リスクを管理しながら利用できる場合もあります。社内の専門家、あるいは社外の有識者も交えて、組織としての責任の下で、個別に判断していくことが求められます。

安心して生成AIを利活用していくためには、ガイドラインの形で前提知識を社内で共有し、実践していくことが重要です。

2.3.2 生成AIの様々なリスク

1章で生成AI利用の代表的なリスクを紹介しましたが、ここでは簡単な例を交えて、もう少し詳細に説明していきます。

(1)情報漏えい

> **例：** 生成AIサービスを利用して、社内の品質レビュードキュメントの中から不具合の要因を検索しながら、対応内容を整理していた。そのサービスでは学習精度の向上のために、入力データをモデルの学習に利用していることが判明した。

この例では、入力した機密情報がモデルに学習されてしまい、後日、他のユーザーが生成AIサービスを利用した際に、機密情報と類似した回答を生成してしまう可能性があります。そうすると、企業秘密が社外に流出してしまうおそれがあります。機密情報を入力する際には、生成AIサービスの利用規約等をよく確認したうえで、機密情報が学習に利用されないことを確認する必要があります。

生成AI特有というわけではありませんが、クラウドサービスとして提供される生成AIについては、社外のサーバーに情報が送信されることを認識したうえで、情報セキュリティの観点から適切に取り扱う必要があります。特に生成AIサービスをホストするサーバーの所在地が国外の場合は、輸出管理上の注意も必要になります。

> **例：** 知識DBに過去の事例集を格納して問い合わせ回答のチャットボットを作成し、公開している。このチャットボットに対して、知識DBの内容を開示するように指示する不審なアクセスがあった。

RAGのように、企業の独自データを知識DBに格納し、生成AIを用いて回答を得るという使い方が増えています。ここで用いるデータには、企業固有の重要なナレッジ等が含まれうることが想定されます。

そのようななか、生成AIへの入力プロンプトによってプロンプトを盗み出す「プロンプトインジェクション」という、生成AI特有のサイバー攻撃のリスクが指摘されるようになっています。プロンプトの中にはビジネスロジックや、知識DBから取り出した情報が含まれる可能性があります。「生成AIを用いたシステムにどんな情報を入力するか」だけでなく、「プロンプトの内容やRAGに用いる知識DBにも情報漏えいリスクがある」ということを認識したうえで、アプリケーションやシステムを設計することが求められます。

(2) 著作権侵害

> **例：** 生成AIを用いて提案資料に用いるイラストを生成した。生成したイラストの人物が有名なキャラクターとそっくりだった。

生成AIはインターネット上の大量のデータを集めて学習しているので、他者の著作物を模倣してしまうリスクがあります。特に画像生成AIでは、この傾向が顕著になります。著作権侵害では「出力が既存の著作物と似ているかどうか」がまずは判断のポイントとなることに留意してください。

また、生成AIの生成物の権利の帰属については、サービスによって規約で定められている場合がありますので、確認する必要があります。

> **例：** ネット上のニュース記事を知識DBに格納して、最近のニュース内容について回答できるチャットボットを構築し、その内容を使ってレポートを作成した。

学習に用いるのではなく、知識DBに格納されたコンテンツに基づき文書を作成する場合にも、人が文書を作成する場合と同様に、引用は適切に行い、出典を明記する等の対応が求められます。このような点は出力された文書から判断されますので、十分に留意してください。また、サイトによっては記事の二次利用を禁止していますので、利用規約を十分に確認する必要があります。

日本国内においては2023年5月に、文化庁の令和5年度著作権セミナー「AIと著作権」[1)]において、AI開発・学習段階での考え方、生成・利用段階での考え方、AI生成物が著作物に当たるか等が示されています。

(3) プライバシー侵害

> **例：** 商談相手の顧客についてリサーチを行うために、生成AIに商談相手の氏名を入力して趣味趣向を聞いてみたところ、驚くほど詳細な情報が得られた。

生成AIはインターネット上の大量のデータを集めて学習させているため、個人のプライバシーに関する情報も含まれる可能性があり、利用時にプライバシーを侵害してしまうリスクがあります。特定の個人と関連する情報を集め、そこへ作り話まで含めて、個人に関する虚偽の情報を作成し流布してしまうおそれがあります。また、事業者としての個人情報取り扱い上の注意も必要です。

---

1) https://www.bunka.go.jp/seisaku/chosakuken/pdf/93903601_01.pdf

生成AIを使う際に社外サービスを利用する場合には、社外に情報が送信されることに留意するとともに、適切な管理が求められます。また、サービスを公開しているサーバーの所在地が国外の場合には、国内とサーバー所在地の双方の法令等を考慮した対応が必要となります。企業においてプライバシーポリシーを策定している場合は、それを遵守することが大前提です。

日本国内においては、個人情報保護委員会より2023年6月に「生成AIサービスの利用に関する注意喚起等について」2) という報道発表がありました。

(4)倫理的な観点

> **例**：マーケティングの参考用途に、生成AIを用いて経営者のペルソナを10件作成したところ、男性ばかりになっていた。

公平性の観点として、学習データがもつバイアスが反映され、出力にバイアスが含まれたり、場合によっては差別的な表現などが含まれてしまったりすることがあります。この点を認識せずに利用すると、出力を利用した意思決定や発表内容にバイアスが入ってしまうリスクがあるので、出力を十分に精査する必要があります。

社会への影響という観点では、バイアスが固定化するという懸念が示されており、適切に利用状況をモニタリングすることが求められます。

> **例**：生成AIにマルウェアのコードを作成するように指示をしたら、本当にマルウェアを生成してしまった。

生成AIが悪用されて、マルウェアの生成をはじめ、毒物や銃器の製造に利用される等の懸念があります。また、外部システムと連携するエージェント機能が悪用されることにより、サイバー攻撃の踏み台にされる等の問題も指摘されるようになっています。

> **例**：生成AIを活用して、実在の政治家が発言しているかのように見える動画を作成して、SNSで拡散した。

生成AIを用いれば、悪意の虚偽情報を生成することも技術的に可能です。フェイクニュースの拡散に加え、ディープフェイクによる偽画像の流布による名誉棄損や、選挙介入等が社会的な問題になっています。提供しているシステムが悪用されるリスクについても考慮が必要です。

---

2) https://www.ppc.go.jp/news/press/2023/230602kouhou/

> **例：** 生成AIに履歴書を分析させて、採用の合否を決定した上で、その理由もあわせて生成した。

生成AIの出力にはバイアスや、後述する出力の信頼性の問題が生じ得ることから、そのリスクに鑑みて、用途を制約するよう規約を設けているサービスがあります。その場合は規約に定められた範囲内での利用にとどめる必要があります。

それらの根底にあるのはリスクベースの考え方です。用途ごとに、そのAIが直接的に生命や財産に対する危険をもたらす可能性があるのかという直接的なリスクだけでなく、そのAIの導入が社会にもたらす影響といった間接的なリスクまで考慮したうえで、生成AIの利用可否、利用範囲を適切に判断していくことが重要です。

(5)虚偽情報／ハルシネーション

> **例：** 生成AIを用いて報告書を作成したところ、文章がよく書けていたのでそのまま提出したら、引用文献が実在しないことを指摘された。

現在の最先端の生成AIのモデルはかなり精度がよくなり、虚偽情報の生成を抑止する技術も組み込まれつつあります。しかし、そもそも確率的に文章を生成しているという性質から、誤ったデータを生成してしまうリスクは避けられません。さらに、内容が誤っていたとしても、自然な文章を生成するため、なかなか過ちに気づかないことがあります。この現象は「ハルシネーション（幻覚）」と呼ばれています。この生成AIの性質を理解せずに生成AIの出力結果を過信してしまうと、虚偽情報を利用してしまうリスクがあります。内容に正確性を求める場合には、生成内容の出典等について確認が必要でしょう。

ハルシネーションは現在の生成AIを実現する大規模言語モデル（LLM）の理論的な性質に起因するので、一朝一夕には解決しないと考えられます。現在のLLMはTransformerという技術に基づいています。Transformerは非常に大規模なパラメータ数まで学習 することが可能であり、その結果、汎用的なタスクをこなす能力を獲得するに至りました。しかしその動作は、入力した文章をもとに次の文章を予測するということを繰り返すもの であり、学習したインターネット上の大量のデータから、確率的に確からしい文章を生成しているという点には変わりありません。

AIによる生成結果の不正確性に注意を喚起する上でも、AIの生成結果に対しては、それがAIによって生成されたものである旨を明記することで、人による自律的な判断を促す必要があるでしょう。

Column

ハルシネーションに対する実務上の工夫

理論上、ハルシネーションを完全に抑止することは困難ですが、例えば、以下のような工夫で対処することはできます。

● **プロンプトを工夫する**

例1：質問が適切に回答できるものかどうかをチェックするプロンプトを挟む

回答できないような質問がインプットとして与えられている場合に、ハルシネーションの確率が上がります。そのため、まずはその質問が適切に回答できるかどうかを判断させる質問を行い、適切に回答できると判断した場合のみ質問に回答させることで、ハルシネーションを抑止します。

例2：どうやって考えたかを最初に述べて、最後に結論を述べるように、と質問する

最初に出した結論が間違っていると、その結論を補足しようとしてハルシネーションを起こす傾向があります。最初に考え方を述べてもらってから結論に導くようにすることで、ハルシネーションを抑止します。

● **RAGを使う場合にユーザーへ出典元も返すようにする（どの文書のどのページの何行目か）**

RAGでは、前処理として外部データの中から質問と関連性が高い文章を抽出したのちに、実際に生成AIに対して抽出した文章に基づいて答えるように質問します。このとき、アプリケーションの実装として、抽出した文章がどの文書のどの部分かを、出典元として、回答と合わせて提示します。

● **人がチェックするプロセスを必ず入れる**

ハルシネーションにより回答の信頼性に問題があることを想定して、それがAIの生成物であることを明示するとともに、人がチェックするプロセスを必ず入れるようにします。

2.3.3 利用ガイドラインとして定めるべき内容

生成AIガイドラインとして定めるべき内容のうち、主なものを図2.3に示します。ガイドラインを定める上では、その組織が活用を想定するサービスと活用イメージを明確にすることが重要です。

まずは、生成AIの概要や活用イメージを示します。そして、生成AI利用のリスクについて、特にインプットとアウトプットの扱いについて述べていきます。

あとは、実際に想定するサービスの特性を考慮して、対象のサービスごとに利用範囲を示していきます。利用手続きとして、社内の申請ルール等を明記しておくと利用しやすくなります。また、具体的なユースケースの例を示し、インプットとアウトプットの注意点を記載すると、イメージしやすくなります。さらにFAQを付けておいてもよいでしょう。

生成AIとは	• 生成AIの概要、活用イメージ
生成AI利用のリスク	• Inputのリスク：情報漏えいや著作権侵害のリスク、など • Outputのリスク：プライバシー侵害のリスクや回答の信頼性（ハルシネーション）、など
サービスの利用範囲	• Input：業務情報を入力して良いパブリッククラウドサービスを指定。サーバーの設置場所も考慮すること • Output：生成AIの利用を明確にしつつ関連社内規則に従って利用する（プライバシー保護、AI倫理、輸出管理、知財保護など）
利用の流れ	• 各種サービスの利用申請の流れ
ユースケース毎の注意点	• 文書の要約作成、Q&Aチャットボット、コーディング効率化、など

図2.3 利用ガイドラインとして定めるべき内容

なお、法規制や社会通念は国や地域により異なり、また、適用対象の事業ドメインによっても異なることに注意してください。

日立製作所では、2023年4月末にガイドライン〔初版〕を作成して展開しました。生成AIの技術の進展が続いており、社会的にもルール作りに向けた議論が進展していることから、ガイドラインを月次または隔月で継続的にアップデートしています。Generative AIセンターに社内向け相談窓口を設置し、ガイドラインではカバーが難しい問題へ個別に対応しながら、その対応内容も適宜ガイドラインに反映させています。

2.3.4 各国・地域での状況

2023年12月現在、生成AIの利用に関する指針作りが世界各国・各地域で行われており、国際協調によるルール形成も進んでいます。深層学習の登場以来、AIの普及に対してAI倫理・AIガバナンスに向けた国際的な議論が進められてきたところへ、生成AIの登場により新たに顕在化された課題が盛り込まれつつあります。

信頼できるAI、責任あるAIに向けた国際協調については、企業、国・地域、さまざまな国際機関がAI倫理原則を公表し、原則レベルではコンセンサスが形成されてきました。ただし、それらを実践していくための法規制やガイドライン整備等の制度設計については、各国・地域によってスタンスの違いがあることも理解しておく必要があります。法的な強制力を持つのか、自主的な取り組みなのか、規則の適用対象となるAIの範囲や、ルール形成を行うことで守りたいものは国・地域によって違いがあります。

また、生成AIについては、①さまざまな生成AIに対して包括的に適用されること、②リスクベースの考え方により用途に応じて適用されること、この両面から考えていく必要があります。

AI倫理・AIガバナンスと生成AI

前述のとおり、現在の生成AIに対するリスク対策の議論は、これまでのAI倫理・AIガバナンスの議論を土台にしつつも、生成AIの登場により新たに顕在化した問題を含めて議論されています。生成AI特有の問題としては、虚偽情報や情報操作、著作権侵害、安全性とセキュリティといったことが懸念材料になっています。AIが汎用的なタスクをこなせるようになったことから、安全保障上の観点を含めて、「AIがさらに高度化すると人類滅亡の危機が訪れるのではないか」といった議論にまで発展しています。こういった危機感から、国際協調のための大きな指針の合意形成が進み、それとも整合するように、各国・地域における制度設計が進んでいます。

強制力という点で最も厳しいのが欧州です。世界初の包括的なAI規制法案として「EU AI Act」が提出され、法案審議が大筋合意に至り、2024年前半にも発効が見込まれています。米国は包括的には「自主的な努力」としつつ、業界ごとの法規制によって対処する方針でしたが、生成AIについては包括的な法制化の動きが進んでいます。日本も自主的な努力を志向しており、ガイドライン中心のソフトローによるアプローチを採っています。G7等の国際協調においては、現時点では「自主的な取り組み」として議論が進んでいます。

生成AIの機会とリスクについては、2021年にスタンフォード大学が「基盤モデル（Foundation Model）」という概念を提唱し、技術的な可能性と社会的な影響についての詳細なレポートを発表したことにより、議論が大きく進展しました。このレポートにおいて基盤モデルは、「汎用的な出力のために設計され、膨大なデータで学習され、広範なタスクに適応可能なAIモデル」として定義されました。GPT-3の登場により、学習パラメータ数のスケーリングによる創発的な振る舞いが示されたことが発端となり、画像やロボット制御等も含めてさまざまなモダリティが融合していく動きが見られますが、それらを含めて「基盤モデル」として議論されました。基盤モデルのもたらす機会とリスクについて、さまざまな応用の観点から、法律や哲学等の専門家も含めた学際的な研究者チームが評価したことが、さらなる学術界での理解や技術の進展につながりました。そしてChatGPTの登場とユーザー数の急速な増加により、国際的なルール形成の議論に至っています。

以下では、AIガバナンスの世界における主要な動きを紹介していきます。

EU AI Act

EU AI Actは、世界初のAIの包括的な規制法案として、2021年4月に欧州委員会より提出され、欧州議会と欧州理事会において審議が進んできました。EU AI Actではリスクベースアプローチにより「禁止すべきAI」、「ハイリスクAI」、「限定リスクAI」、「リスクが低いAI」の4段階に分けています。このうちハイリスクAIに対しては、リスク管理体制、安全性の評価、証跡管理、セキュリティ、透明性・説明責任等に関する厳しい法定要件を規定しており、違反時には高額な罰金が科されることになります。

法案審議の終盤、生成AIの爆発的な普及に合わせて、生成AIに対する規制が2023年5月の議会修正案に盛り込まれました。テキストや画像等のコンテンツを生成する高度な生成AIには、以下の3点を求めています。

- 透明性の確保義務
- 生成物に対する十分な安全措置
- 学習に利用した著作物やデータに係る情報開示

その上で、リスクベースの考え方に従って、その用途に応じて禁止されるAI、ハイリスクAI、限定リスクAIに分類され、法定要件が課されていきます。

米国のAI大統領令

2023年10月にバイデン大統領は、AIの安全性、セキュリティ、透明性に向けた大統領令を公布しました。米国ではAIに対する包括規制ではなく、業種ごとの規制の中で対応する方針でしたが、生成AIについては当局との情報共有を求めるようになってきました。2023年7月より米国政府は、生成AIの開発を行っている主要な企業との間で、自主的な取り組みの合意を取り付けてきましたが、それを大統領令として強制力のある形で交付しました。

この大統領令で特筆すべきポイントは、高度な生成AIを開発する事業者に対して、その安全性のテスト結果を政府と共有することを義務付けている点です。この安全性のテストでは、「レッドチーム」と呼ばれる専門家集団によるテストチームを組織して、検証することを求めています。

日本のAI事業者向けガイドライン

日本国内においては、内閣府のAI戦略会議で議論が進められ、これまで総務省と経産省が発行したガイドラインを統合し、生成AIを考慮してアップデートする形で、AI事業者向けガイドラインの作成を進めています。日本のガイドラインの特徴は、AIの開発者、事業推進者、利用者のそれぞれについて指針を示しているところです。

G7の広島AIプロセス

生成AIは2023年5月のG7広島サミットにおいても主要議題の一つとなり、広島AIプロセスが立ち上がり、日本がG7議長国としてリードしています。

2023年10月には広島AIプロセスに関するG7首脳声明が発出され、併せて高度なAIシステムを開発する組織向けの「国際指針」と「国際行動規範」が公表されました。高度なAIシステムとして、特に基盤モデルおよびそれを用いた生成AIを念頭に置き、安全、セキュリティ、人権の保護を重視した内容となっています。

国際指針の中では、レッドチームによる評価を含めたリスク評価、十分な透明性と説明責任、個人情報保護、セキュリティ、電子透かし等も含むコンテンツ認証やコンテンツの来歴メカニズム、知的財産権保護について示されるとともに、安全、セキュリティ上のリスクを軽減するための研究を優先することや、国際的な技術規格開発の推進についても示されています。

英国主催のAI安全性サミット（28か国）

2023年11月には、各国の閣僚級代表やAI企業のトップらが参加してAI安全性サミットが開催されました。G7各国に加え、中国やグローバルサウスを含む28カ国とEUが参加しました。最先端AIのリスクに対する理解の促進を図り、国際的な協調を通じてそれを軽減するための方法等が議論され、ブレッチリー宣言を採択しました。

ISO/IECでの国際標準化

ISO/IEC JTC1 SC42においてAIの国際標準化が進められており、AIの用語定義や、AIマネージメントシステム、AIの信頼性に関する技術規格の策定が進められています。これらはEU AI Actをはじめ各国・地域の制度設計において参照されていくと考えられます。

生成AI技術の進展とともに、社会的なルール形成の議論も進んでいきます。利用ガイドラインを策定・実践していく上で、このような社会動向も逐次反映させていく必要があります。

Column

社会から信頼されるAIをめざして

日立製作所では2021年4月に「社会イノベーション事業におけるAI倫理原則」を策定し、その実践を進めています。複雑化する社会課題の解決に向け、人間中心のAIを開発して社会実装するために策定したものです。このAI倫理原則は、3つの「行動基準」と、安全性や公平性、プライバシー保護などの観点で定めた7つの「実践項目」で構成されています。

日立では、「AI倫理原則」をもとにしたチェックリストを活用することで、AIの利用目的の確認や社会実装へのリスク評価、対応策立案などの具体的な運用を支援していくとともに、Explainable AI（XAI：AIを説明するための技術）の研究開発なども積極的に行っています。

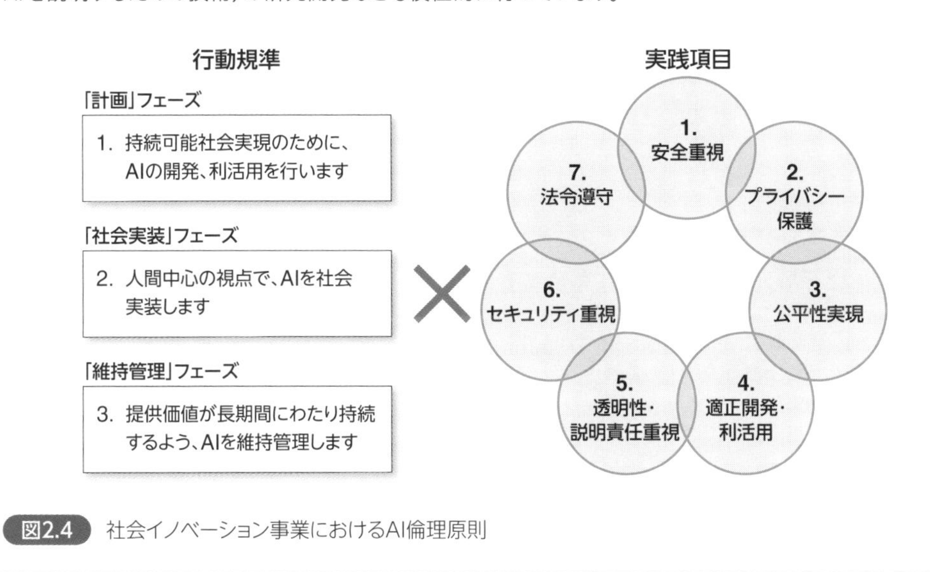

図2.4　社会イノベーション事業におけるAI倫理原則

2.4 デジタル人材（プロンプトエンジニア）

生成AIでは自然言語がインタフェースとなるので、前提知識なしに誰でも利用できます。ただし、意図した結果を引き出そうと思うと、スキルやテクニックが必要となります。生成AIに適切な質問や指示を作成し、意図した回答を引き出す人材は「プロンプトエンジニア」と呼ばれます。企業の中で生成AIを活用するには、プロンプトエンジニアを一定数、育成しておく必要があります。

プロンプトエンジニアの対象範囲を図2.5に示します。生成AIの外側で、生成AIに指示出しする部分すべてがプロンプトエンジニアの対象となります。プロンプトエンジニアの主な役割には以下のようなものがあります。

- 自然言語で質問ができること
- 社内データを加工し、知識DBに蓄積できること。社内データを生成AIへの入力の一部にできること
- LangChainなどの生成AI向け開発フレームワークを駆使し、Pythonなどを用いたアプリケーション開発ができること

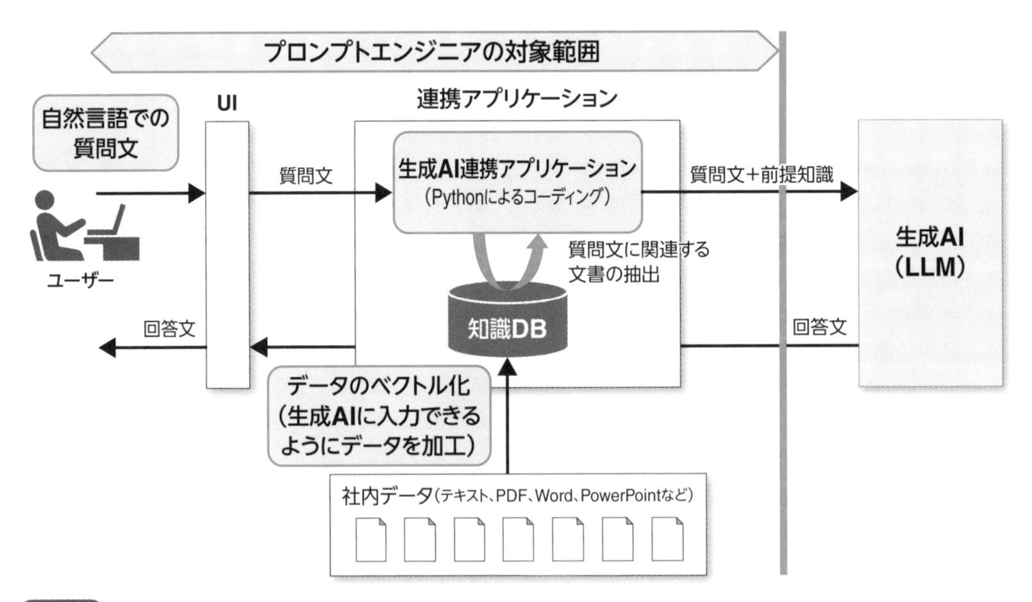

図2.5　プロンプトエンジニアの役割

このプロンプトエンジニアを育成するうえでは、以下の4つのスキルを伸ばしていくことが重要です（図2.6）。一般的な利用者であれば、①自然言語で的確に指示できるスキルと、②ビジネススキルを伸ばすことが重要です。より高度な使い方をするときには、③データサイエンススキルと、④データエンジニアリングスキルが必要となります。

①自然言語で的確に指示できるスキル：言語運用能力やロジカルシンキングなどの基本的なスキルです。生成AIといかに対話できるか、という意味では「コミュニケーション力」とも言えます。

②ビジネススキル（ドメイン知識）：知識を活かした指示の作成や生成AIの回答に含まれる「もっともらしい嘘」を見抜くのに必要なスキルです。生成AIを活用する領域に合わせて、その領域の専門知識が必要になります。

③データサイエンススキル：精度向上や高度な使い方に必要なスキルです。大規模言語モデルの特性を捉えたテクニックなどが該当します。

④データエンジニアリングスキル：精度向上や高度な使い方に必要なスキルです。社内データの加工やアプリケーション開発などが該当します。

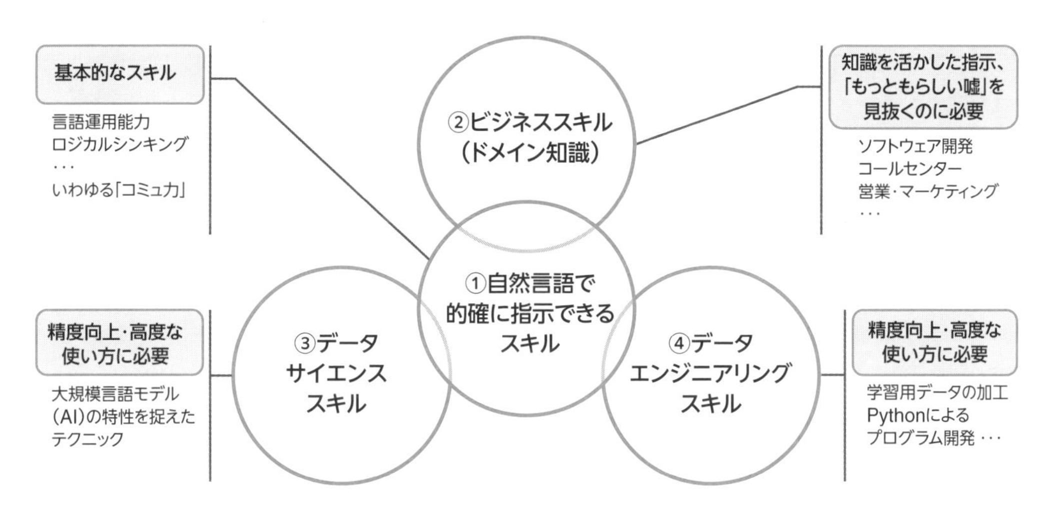

図2.6　プロンプトエンジニアに求められるスキル

Column

生成AIに頼り過ぎると経験が浅くなるのか？

経済産業省が公開している「生成AI時代のDX推進に必要な人材・スキルの考え方」によれば、以下のような議論があります。

> 生成 AI に頼りすぎると、社会人が業務を通じて経験を積み重ね成長する機会が失われうる。とりわけ、従前、基礎的な業務をこなし、仕事仲間との対話を通じて経験値を培ってきた、新卒社員等の経験が浅い社会人に与える影響が大きいと考えられる。

本当にこういう状況になるのか、日立グループの新卒から5年目ぐらいの若手社員にインタビューを行ないました。データサイエンティストとして活動しているデジタル人材であり、日常的に生成AIを活用している社員です。その結果、生成AIをうまく活用することでポジティブな影響が出ていることが分かりました。

若手社員は「忙しそう」とか「格好悪いから」という理由で、先輩社員や上司に質問できないことも多いですが、そういう場面で生成AIを活用しているそうです。生成AIを使いこなすと、若手社員の育つスピードも変わってくるかもしれません。教える側の先輩や上司についても、それぞれの個人の力量に加えて、生成AIによって企業全体のナレッジを共有できれば、人材育成も加速するのではないでしょうか。

ただし、生成AIが出した結果の良し悪しの判断は新人にはできないので、先輩や上司が指導する面は必ず残ります。人が関わる仕事がなくなることはありません。定型的な作業の中でも人が考えなければいけない部分が残ります。生成AIで効率化しつつ、人はより専門性が高い業務を担うようになっていくでしょう。また、生成AIが間違っている可能性もあるため、人による最終的なチェックは欠かせません。

若手Aさんの意見

- 学ぶための手段は生成AI以外にもいろいろある。講義の受講、教科書・論文を読む、ネットを検索するなど。強力な手段が一つ増えたイメージ
- 先輩・上司とのコミュニケーション不足が起きる状況においても、24時間いつでも教えてくれる相談相手になり得る
- 生成AIは教科書的な説明やありふれたアドバイスが多い。一方、先輩・上司は経験則や実体験に基づいたアドバイスが多い
- 「何を学びたいのか？」に合わせて、学ぶための手段をどう選んで、どう使いこなすかが重要
- 手段をきちんと選びながら、生成AIを最大のパフォーマンスで使いこなす人材を増やしていくことが重要ではないか

若手Bさんの意見

- 自己学習の補助に最適であり、社会人経験を積むための前段階の基礎を早く習得できるように感じる
- 高度／経験知的な部分のみをベテランに聞けるようになって、より本質的なノウハウを人から吸収できるようになった印象がある

若手Cさんの意見

- 生成AIを使っていると、間違った回答を返したり、話しがループしたり、特有の弱点に気づかされた
- 「これはできる」「これはできない」という感覚が持てるようになり、生成AIに判断を委ねたり、本質的な答えを見出したりといった使い方はできないと判断。目的に向かうための材料を収集するためのツールとして活用している

生成AIプロジェクトの進め方

ここまで生成AIとは何か、生成AIを活用する際にはどういうことが必要なのかを紹介してきました。生成AIプロジェクトを開始するにあたっては、プロジェクトを構成するプロセスを明確に理解し、計画的に進めることが重要です。本章では、生成AIプロジェクトの進め方の基本的なプロセスについて説明します。

3.1 プロジェクトの構成プロセス

まず、生成AIプロジェクトを進めるための各ステップと、その内容を説明します。

プロジェクトの目的設定

本格的に実行プロセスに入る前に、プロジェクトの目的を明確に設定します。本プロジェクトを何のために発足するのか、本プロジェクトにおける優先事項、本プロジェクトの実施期間、本プロジェクトに使用可能なリソースを定義します。この作業は、プロジェクトチーム全員が共通の理解を持つようにして、プロジェクトを成功に導くために重要です。

ステップ1：業務分析とユースケースの洗い出し

生成AIプロジェクト の最初のステップは、業務分析とユースケースの洗い出しです。このステップでは、生成AIを導入することで最大の効果を得られる業務領域を特定し、具体的な使用例（ユースケース）を明確にします。業務分析の目的は、現在の業務プロセスを理解し、生成AI導入によって改善できる領域を見つけることです。

業務分析を行った後、実際に生成AIを適用できる具体的なユースケースを洗い出します。これは、生成AIの導入が業務にどのような影響を与えるかを具体的に想像するステップです。本ステップの詳細は、3.2節で説明します。

ステップ2：活用法の具体化と実現性検証

生成AIプロジェクトの次の重要なステップは、選定されたユースケースに基づいて生成AIソリューションのプロトタイプを実装し、その実現性を検証することです。このステップでは、生成AIの技術的な側面に焦点を当て、実際に生成AIソリューションを実装するための準備を行います。

ユースケースを定義した後、それを実現するための具体的な生成AIソリューションを設計します。生成AIソリューションの設計には、必要なデータの整理、プロンプトの設計、プロトタイプの方式検討などが含まれます。設計した生成AIソリューションの実現性を検証するためには、技術的な評価と、業務への適用性評価が必要です。本ステップの詳細は、3.3節で説明します。

ステップ3：生成AIシステムの開発と業務での運用

生成AIプロジェクトの次のステップは、生成AIシステムの開発と、実際の業務環境での運用です。このステップでは、開発された生成AIソリューションを実業務に統合し、継続的な運用とメンテナンスを行います。

生成AIシステムの開発フェーズでは、プロトタイプを基にして業務運用可能なシステムを構築します。システム開発にあたっては、データの最新化、アクセス権限、性能、セキュリティ、ログ、ユーザーインタフェース、運用からのフィードバック方法といったことに留意して設計する必要があります。

無事に業務へ適用でき運用を開始した後も、何度もフィードバックループを回しながら改善していくことが重要です。フィードバックの内容によっては、業務分析やユースケースの洗い出しから再度実施するケース、活用法の具体化と実現性検証から再度実施するケースがあります。イメージを図3.1に示します。本ステップの詳細は、3.4節で説明します。

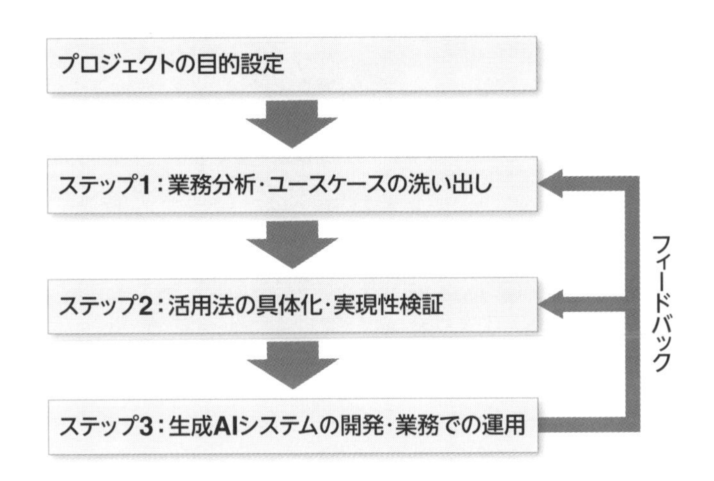

図3.1　フィードバックループのイメージ

3.2 ステップ1：業務分析およびユースケースの洗い出し

業務分析の主な目的は、現行の業務プロセスを深く理解し、生成AIを通じて改善できる領域を見つけ出すことです。外部のコンサルティングサービスの使用を検討することも考えられますが、本章では社内で実施することを前提にして説明します(図3.2)。

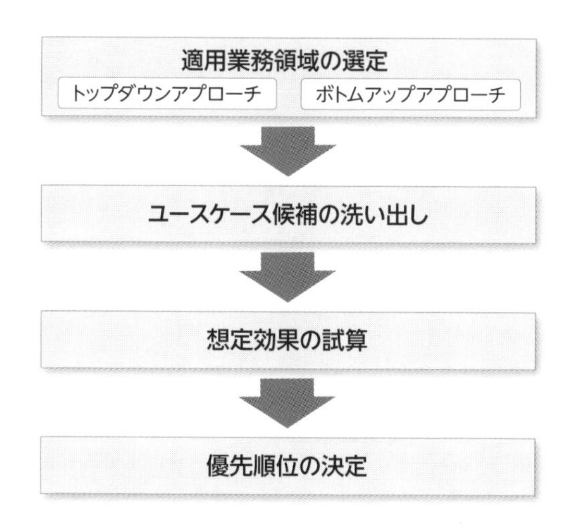

図3.2　業務分析およびユースケースの洗い出し

3.2.1 適用業務領域の選定

業務領域の候補を洗い出す方法には、以下の2つのアプローチが考えられます。

(1) トップダウンアプローチ

- **自社のNSMに直結する業務**：「North Star Metric（NSM）」は、企業や組織がその成功を測定するために使用する主要な指標のことです。この指標は、企業の長期的な目標やビジョンに最も密接に関連しており、組織全体の焦点を一つの重要な成果に集中させる役割を果たします。そのNSMに直結する業務を選定します。
- **生成AIの得意領域に関する業務**：生成AIの強みを活かせる業務領域を選定します。例えば、システム開発、コールセンター、設備保守、セールス・マーケティング等が挙げられます。

(2)ボトムアップアプローチ

- **現場課題に直結する業務**：実際の現場での課題を解決することに焦点を当てます。特に複数部署で共通的に実施する業務や、複数部署で横断的に実施する業務を対象にするとよいでしょう。

トップダウンアプローチとボトムアップアプローチ、それぞれのメリットとデメリットを表3.1に示します。必要に応じ組み合わせて実施すれば、より効果的です。

表3.1　トップダウンアプローチとボトムアップアプローチのメリットとデメリット

	メリット	デメリット
トップダウンアプローチ	●大きな取り組みにできる ●組織的に一貫して動ける ●機動的に動ける	●幹部の発言に左右される ●現場とギャップが生じる ●現場のモチベーション不足
ボトムアップアプローチ	●現場のアイデアを活かせる ●社員のモチベーションが上がる ●社員の成長につながる	●大きな変化には時間がかかる ●組織的にバラバラ ●機動力に欠ける

3.2.2 ユースケース候補の洗い出し

業務分析が済んだら、具体的なユースケースを洗い出します。これは生成AI導入による業務への具体的な影響を想像するステップです。ユースケースを考える際は、「誰が」「どんな業務で」「どんな使い方をするか」という点に着目すると有効です。

- **誰が**：職種、役割、職位、スキルを考慮したペルソナを設定します。
- **どんな業務で**：業務分析で洗い出した業務領域を基に検討します。
- **どんな使い方をするか**：文章の要約、翻訳、生成、チャットボットの使用、リサーチ、アイデア出し等の基本的なAIの用途を考慮します。

作成したユースケースを基に、機械的に組み替えていくと、さらにユースケースの発想が広がります。例えば、「誰が」「どんな業務で」を固定した上で、「どんな使い方をするか」を変えてみることで、新たなユースケースを洗い出せる場合があります。

3.2.3 想定効果の試算

ユースケースの策定時には、想定される効果を試算することが重要です。これには業務の量と質に対する効果が含まれます。

- **業務の量に対する効果**：作業時間の削減、影響する人数、頻度など
- **業務の質に対する効果**：新商品・サービスの検討、新人のスキル向上など

3.2.4 優先順位の決定

洗い出したユースケースのすべてを実証するのは困難なので、想定効果と使用可能なリソースに基づき優先順位を決定します。これにより、リソースを最も効果的に配分し、生成AI導入の最大のメリットを得ることが期待できます。このプロセスを通じて、生成AIの導入が具体的かつ効果的なものになるように導きます。

3.3 ステップ2：活用方法の具体化・実現性検証

生成AIプロジェクトの次の重要なステップは、選定されたユースケースに基づいて生成AIソリューションのプロトタイプを実装し、その実現性を検証することです(図3.3)。

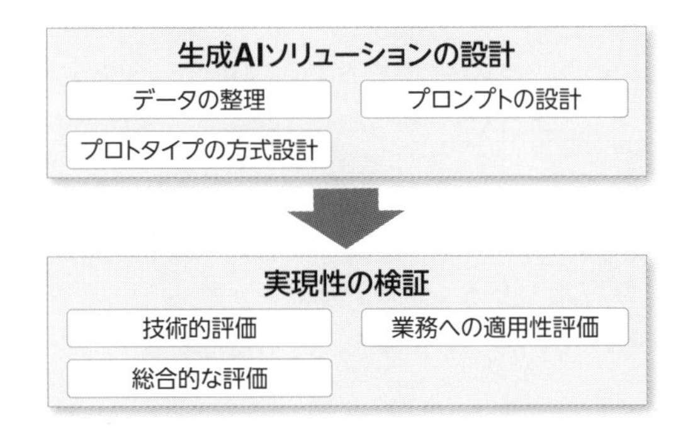

図3.3　活用方法の具体化・実現性検証

3.3.1 生成AIソリューションの設計

生成AIソリューションの設計では、データの整理、プロンプトの設計、プロトタイプの方式検討を実施します。

(1)データの整理

まず、選定したユースケースを実現するために必要なデータを整理します。

- **社内データ**：ユースケースによっては、業務活用を通じて社内に蓄積されたナレッジや、作成済の資料等を用いることで、生成AIの回答をより有用なものにできる可能性があります。
- **オープンデータ**：ユースケースによっては、一般公開されているデータを用いることで、生成AIの回答をより有用なものにできる可能性があります。天気や気温の情報、公共団体が公開している統計情報等の定型データだけでなく、調査レポートや論文等の非定型データも使用可能です。なお、オープンデータを用いる際には、利用許諾や利用条件に注意しましょう。

(2)プロンプトの設計

次にプロンプトの設計を実施します。ユーザーがプロンプトを工夫しなくて済むように、できる限りシステム内部でプロンプトを変換する機能を提供することがポイントです。具体例は4章で説明します。

(3)プロトタイプの方式検討

続いて、プロトタイプの方式検討を実施します。機能要件と非機能要件を検討する必要があります。プロトタイプが実現すべき機能要件の検討では、以下が注意点となります。

- **何を重視して検証したいのか？を明確にする**：回答精度を重視するのか、ユーザーインタフェースを重視するのか等。ここで検討した内容がそのまま後の評価観点になります。
- **必要最小限の機能とする**：上記にて明確にした「何を重視して検証したいのか」を満たす必要最小限の機能とすることで、素早くプロトタイプを開発できるようにします。
- **全て自社開発することにこだわらない**：独自のユーザーインタフェースが必要ない場合、オープンソースベースのGUIを採用する事も検討した方がよい場合があります。

次に、プロトタイプが実現すべき非機能要件を検討します。注意点は以下です。

- **セキュリティ**：生成AIシステムはその性質上、多くがパブリッククラウドに構築されます。プロトタイプとはいえ、攻撃対象となるリスクや情報漏えいのリスクはありますので、社内の関連部門と連携し、必要な対策をしっかり実施する必要があります。
- **ログ**：検証時に、実際にユーザーが入力したプロンプトや応答等の情報をログに記録しておくことで、有益なフィードバックが可能になります。

3.3.2 実現性の検証

実現性の検証では、技術的評価、業務への適用性評価、総合的な評価を実施します。

(1)技術的評価

プロトタイプの回答速度と回答精度を中心に評価します。

- **回答速度**：プロトタイプの回答速度が十分かどうかは、適用するユースケースのシチュエーションに基づいて判断します。秒単位のレスポンスが必要なシチュエーションなのか、一晩で処理が完了すればよいのかによって、許容される回答速度は大きく変わります。回答速度が十分でなかった場合、以下のような改善案が考えられます。

- 回答精度向上策として、生成AIを複数回呼び出す方式をとっている場合、呼び出し回数を少なくする方式に切り替える
- ユーザーインタフェースの工夫により、ユーザーの体感待ち時間を下げる。例えば、出力中の文字列をストリーム形式で出力する等

- **回答精度**：生成AI自身に回答精度を評価させる手法もありますが、課題も多く、まだ確立された手法とは言い難いため、ここでは人の手により評価する手法の一例を説明します。まず、回答精度を測るために、想定質問と期待回答を用意します。想定質問を全てプロトタイプに入力し、そこで得られた結果と事前に準備した期待回答を比較し、期待回答と同様の結果が得られているかを1つずつ確認します。想定質問の全体数に対して、期待回答と同様の結果が得られている回答数の割合を計算し、回答精度とします。また、生成AIを活用して質問のバリエーションを増やすことも有効です。これにより、想定質問の言い回しが少し変わっても正しい答えが返ってくるかを検証できます。

(2)業務への適用性評価

次に、実際に業務へ適用する場面をイメージしながらプロトタイプに入力し、事前に試算した想定効果と比べてどの程度の効果があったかを評価します。

この時、想定効果どおり、あるいは想定以上の効果が得られた場合のような成功パターンだけではなく、想定以下の効果、あるいは一切効果が得られなかったような失敗パターンにおいても、結果を記録し、考察することが重要です。そもそも生成AIを適用するには不向きなユースケースだったのか、あるいは、生成AIの適用に適したユースケースではあったけれど未解決の技術課題があるのか等を考察することで、生成AI活用に関するナレッジを貯めることができます。

(3)総合的な評価

最終的には、技術面と業務適用面の両方からプロトタイプの実現性を評価します。これにより、生成AIが実際の業務に与える影響を総合的に理解し、次の段階への移行を判断します。

また、生成AIの導入における技術的課題や業務への適合性を明確にし、より効果的な展開へと導きます。

3.4 ステップ3：生成AIシステムの開発と業務での運用

生成AIプロジェクトの最終ステップは、生成AIシステムの開発、および業務環境での運用です。生成AIシステムの開発には、従来の機械学習システム開発の考え方だけではカバーしきれない、大規模モデルならではの難しさがあります。ここでは特に、大規模言語モデル(LLM)を利用する場合にフォーカスして説明します。

3.4.1 LLM特有のアプローチ

機械学習の開発チーム、運用チーム、データサイエンティストが連携し、機械学習モデルを迅速かつ効率的に実際のビジネスに最適化させるための手法を「MLOps」と呼びます。これは機械学習（ML）と、運用（Operations）を組み合わせた造語ですが、さらにそれをLLMに拡張したものを「LLMOps」と呼びます[1)、2)]。

LLMは、自然言語処理（NLP）モデルの新しい領域であり、オープンな質問応答から要約など、さまざまなタスクにおいて、従来の技術水準から大きく飛躍しています。MLOpsの運用要件は通常、LLMOpsにも当てはまりますが、LLMOps独自のアプローチが必要になります。

(1)プロンプトエンジニアリング

従来の機械学習システムにはなかったLLMならではの大きな特徴の一つに、プロンプトエンジニアリングがあります。ユーザーの入力に従うモデルでは、従来困難だった複雑なタスクの指示をプロンプトとして受け取り、その出力を簡単に得ることができます。その一方で、指示内容に適さない出力をしてしまうハルシネーションや、プロンプトインジェクション、機密データの漏えい、ジェイルブレイクなどのプロンプトハッキングのリスクを伴います。

正確で信頼できる応答をLLMから得るためには、これらプロンプトのテンプレートを作成し、システムの内部でどのように管理するかが重要となります。

1) https://www.databricks.com/jp/glossary/llmops
2) https://aws.amazon.com/jp/blogs/news/fmops-llmops-operationalize-generative-ai-and-differences-with-mlops/

(2) LLMチェーンの構築

LLMへ指示するタスクを細かく分割し、システム内部でつなぎ合わせ、前段の出力を次の入力プロンプトに加えるなどを行い、LLMの処理を数珠つなぎにすることを「LLMチェーン」と呼びます。このLLMチェーンはLangChainのような生成AI向け開発フレームワークを使って構築され、複数回のLLMコールや知識DB・Web検索など外部システムへのコールをつなぎ合わせます。

このようなパイプラインにより、LLMを利用した知識ベースのQ&Aや、一連のドキュメントに基づくユーザーの質問への回答など、複雑なタスクに対応したシステムを非常に簡単に構築できるようになりました。この特性は、新たな機能の追加や改善を容易にする一方で、それらをどのように管理していくかが大きな課題となります。

(3) LLMの実装

独自にLLMの学習・実装を行おうとすると、大規模モデルという名のとおり莫大な計算リソースが必要となります。一方、既存の学習済みオープンモデルを活用するには、推論実行用リソースが大きくなります。パラメータが膨大という点で、これまでの機械学習システムに比べてコストと学習にかかる時間が桁違いに増えるため、それらを考慮した効率の良い運用方法を考える必要があります。

第2章で紹介したように、各ベンダーが開発したLLMはAPIを経由して利用できます。特に効果検証の段階においては、既存のAPIサービスの活用をシステム構築時の第一ステップとすることをお勧めします。

システム上で機能をAPI単位で分割しておけば、より高精度なLLMが必要になった際や、LLM実装のコストが安価になった際に、システムのアップデートが容易になります。

3.4.2 システム開発における重要な要素

前項で述べたLLM特有のアプローチを踏まえ、生成AIシステムの開発において重要になる要素を説明します。

(1) ログの取得

テキスト生成AIシステムに限らず、ログ管理はユーザーインタラクションの理解、システムの改善、およびユーザーエクスペリエンスの最適化に不可欠です。以下は、テキスト生成AIに特化したログ管理の具体的なアプローチです。まず、取得すべきログには以下のような種類があります。

- **利用状況分析のためのログ**

システムがどのように使用されているか、利用状況を監視することは、システムの改善に欠かせません。ユーザープロンプトのログにより、利用者がどのような質問をしているかの傾向や利用頻度などを把握できます。それに加えて、ユーザーからのフィードバックを得るための仕組みをあらかじめ準備することをお勧めします。例えば、"good"ボタンをAIの回答につけるなどして、ユーザー自身による評価を直接得られるようにすれば、ユーザーエクスペリエンスの改善に活用できます。

- **システム内部のプロンプトログ**

内部プロンプトの記録は、ユーザープロンプトに対してLLMチェーン内部の処理がどのような中間出力をしているかを分析するために重要です。外部データの連携によく用いられるRAG（Retrieval-Augmented Generation）アーキテクチャーにおけるログ取得では、大きく2つに大別されます。

- 検索フェーズのログ：ユーザープロンプトに基づいてAIが行う情報検索の過程と結果を記録する
- 生成フェーズのログ：検索結果を基に生成されたテキストの詳細と、それに至る過程を記録する

(2)ログ管理構築の効率化

生成AIシステムに限った話ではありませんが、近年ではAPIによる疎結合アーキテクチャーを構築することで、システム間の柔軟な連携が実現可能となります。このアーキテクチャーの利点の一つは、ログ管理の効率化にあります。APIを介してシステム間でデータやリクエストを交換することで、ログの集中管理と監視が容易になり、システムの透明性と監査能力が向上します。

特に生成AIシステムでは、LLMチェーンのように内部で複数の処理をLLMに実行させることが多くなりますが、それらの機能を追加する度に、アプリケーション側にログ出力の機能を持たせるのは、開発工数面から得策ではありません。また、APIのログの監視については、Azure API Management[3]や、Amazon API Gateway[4]などのクラウドのマネージドサービスを活用することで容易にログ監視が可能になります。

図3.4は、フロントエンドアプリケーション、生成AI連携プログラム、検索エンジン、LLM、Embeddingモデルの5つの機能に分解した構成要素を示しており、図3.5はAzure上で構築する場合のアーキテクチャー例を示しています。

3) https://learn.microsoft.com/ja-jp/azure/api-management/howto-use-analytics
4) https://docs.aws.amazon.com/ja_jp/apigateway/latest/developerguide/monitoring_automated_manual.html

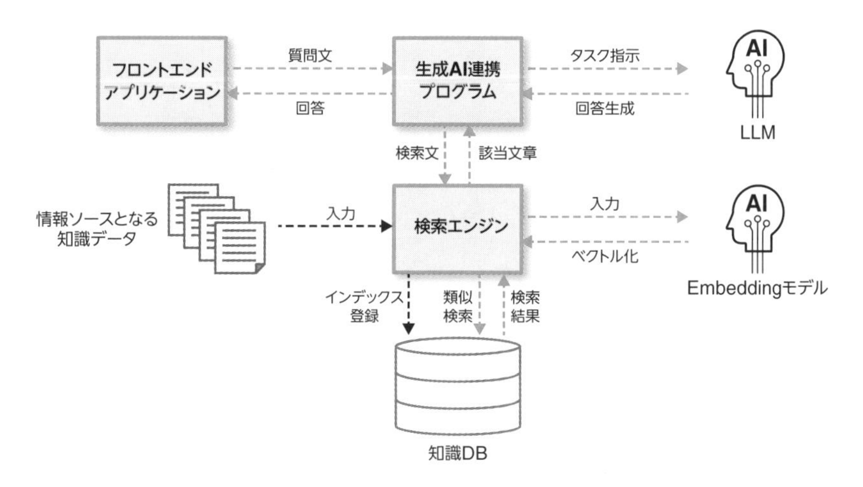

図3.4　外部データ連携時のシステム構成要素

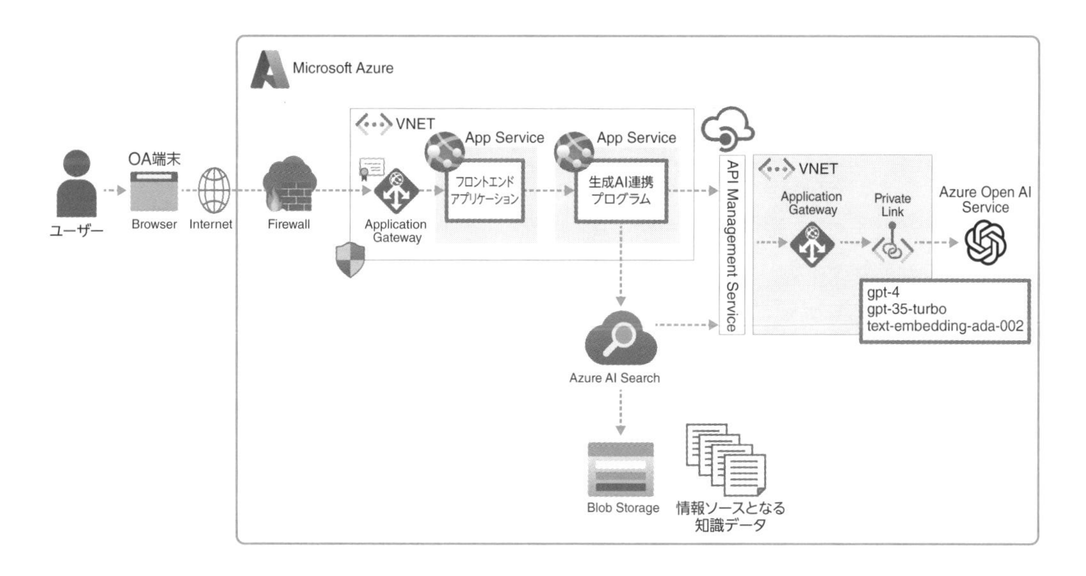

図3.5　Azure上のシステム構成例

(3) セキュリティ対策

生成AIシステムには固有のセキュリティ課題が存在し、それらに対応するための特別な措置が必要です。ここでは重要な課題として、プロンプトインジェクションと、機密データの漏えいの2点について説明します。

● **プロンプトインジェクション攻撃への対策**

プロンプトインジェクションとは、ユーザーが悪意のあるプロンプトを生成AIに与えることで、AIが意図しない情報の開示を行わせて不正利用する攻撃手法です。プロンプトを通じて不正なコマンドを注入する攻撃に対処するには、入力の検証とサニタイズが必要です。これには、特定のキーワードや入力パターンをフィルタリングするシステムの導入が含まれます。

● **機密データの漏えい対策**

生成AIシステムの構築では、外部のサービスを利用する機会が多くなります。また、サービスの特性上、ユーザーの利用状況に応じて学習し精度を向上する仕組みを持っているので、入力データに機密データなどが含まれていると、他者の利用時に出力されてしまう恐れがあります。最近では、入力データを学習に利用しない旨を明記したサービスも増えているので、そのようなサービスの利用をお勧めします。

APIを通じて利用する機能は便利である一方、外部サービスはそのシステム内部にデータが閉じないことを意識し、入力データをチェックし、必要に応じてデータの匿名化や仮名化、機密データへのアクセスを厳格に管理することが重要となります。

以上、本節では生成AIシステム、特にLLM特有の要素であるプロンプトを扱う面にフォーカスして、システム開発の留意点を説明しました。このほか、機械学習システムでも重要となる、データ更新のためのパイプラインの構築や、アクセス制御、ユーザーインタフェースの改善なども考慮する必要があります。セキュリティを担保しながら、継続的なフィードバックによるシステムの更新・改善を行うために適したアーキテクチャーを構築することが、プロジェクトの成功へとつながるでしょう。

生成AIプロジェクトの最終ステップは、生成AIシステムの開発および業務環境での運用です。そこには、従来の機械学習システムに適用されるMLOpsの考え方だけではカバーしきれない、大規模モデルならでは難しさが存在します。

繰り返しになりますが、従来の機械学習システムの考え方から追加されたLLMならではの大きな特徴の一つに、プロンプトエンジニアリングがあります。ユーザーの入力に従うモデルは、従来は困難だった複雑なタスクの指示をプロンプトとして受け取り、その出力を簡単に得ることができます。それらをシステム内部でつなぎ合わせ、前段の出力を次の入力に加えるようなパイプラインの構築が非常に簡単に実現できてしまいます。 この特性は、新たな機能の追加や改善を容易にする一方で、それらをどのように管理していくかが大きな課題となります。このことをしっかり認識しておきましょう。

ユースケース編

社内での一般利用

本章では「生成AIを業務に使ってみたいけど、どう活用したら良いのか分からない」という方に向けて、一般業務での生成AIの活用方法を説明します。あらゆるデスクワーカーが遭遇する業務上の課題に対してどのように生成AIを活用できるのかを具体例とともに解説していきます。最後に、より適切な生成AIの応答を引き出すためのプロンプトエンジニアリングの手法を紹介します。ぜひ、一緒に使ってみながら読んでください。

4.1 業務によくある課題

デスクワーカーの業務は複雑化する一方で、なかなか業務効率化が進まないというのが近年の実態です。業務時間は延び、個人の負担が増加することで、企業全体の生産性にも否定的な影響を与えてしまいます。そこでまずは一般的な業務に焦点を当て、どのような課題や、生産性を低下させるボトルネックがあるのかを確認してみます。

4.1.1 業務課題の例

●議事録の作成

会議の度に議事録を作成している企業も多いでしょう。しかし、議事録作成には時間と労力がかかります。特に、会議が長時間にわたる場合や参加者が多い場合、議事の内容を整理し、要点をまとめるのは骨の折れる作業です。また、作成した議事録の内容を複数人で確認し、修正する作業にも時間を要してしまいます。

●メールの文章作成

社内外問わず、メールによる密なコミュニケーションは避けて通れません。メールの文章を作成する際には、形式や言葉遣いに気を付けることはもちろん、相手に伝わるように文面を工夫する必要があります。特に顧客にメールを送る際には、誰もが時間をかけて悩んでいるのではないでしょうか。

●ドキュメントの作成

提案書や報告書、またプレゼン資料の作成など、ビジネスにおいてドキュメント作成は欠かせない仕事であり、人によっては業務時間の大半を占めることもあるでしょう。ドキュメント作成時には、内容の整理から構成の検討、執筆、レビュー後の修正作業に至るまで、非常に時間がかかります。

●リサーチ作業

市場調査や競合分析などの調査業務は、インターネットでの情報収集や有識者へのヒアリングなど、多岐にわたる方法で行われます。これらは準備を含めて作業に時間がかかり、また、収集した情報を整理し必要なものを適切に取捨選択する能力も求められます。特に膨大なドキュメントに目を通す必要がある場合、人手で作業するとあまりにも多くの工数を消費してしまいます。

●翻訳

海外の顧客やパートナーを相手にする企業では、日本語のドキュメントを他言語に翻訳する作業が必須となってきます。しかし、ビジネスにおいては、文化の違いへ配慮する必要性や、ニュアンスを正確に伝える難しさがあり、一括りに翻訳作業と言っても深い知識と時間を要します。また逆に、英語で書かれた資料を日本語に翻訳する場面も多々あるでしょう。

●企画／提案のアイデア出し

顧客への提案やユースケースの考案、製品開発やマーケティング、イベントの開催など、日々アイデアを求められる機会は多いと思います。そんなとき、十分に練り上げられたアイデアを咄嗟に思いつくのは容易ではありません。そのため、アイデアの募集やブレインストーミングなどを実施したりして、広く意見を取り入れたいものですが、なかなかそうもいきません。じっくり何日もかけてアイデア出しに頭を悩ませる日々を経験した方もたくさんいらっしゃるはずです。

●プログラミング

ソフトウェア開発やデータ分析など、プログラミングのスキルが求められる業務では、ソースコードの作成やデバッグ、テストケースの作成等に時間がかかってしまいます。また、技術の多様化が進む一方で、新しくプログラミング言語を習得するには長期的な時間が必要不可欠となります。

4.1.2 生成AIで業務効率化を推進する必要性

これらの作業は、生成AIを用いて効率化することができます。業務が効率化されることで、ビジネスの成果に直接関与する本質的な業務へ、より適切にリソースを割けるようになります。そうして結果的に、企業全体の効率や生産性の向上につながっていきます。また、各従業員の作業負荷が軽減されることで、ワークライフバランスの充実や自己研鑽の機会が増加し、さらなる良い職場環境づくりを促進させることができます。

企業は競争力の向上と持続可能な成長を、”生成AIとともに”めざしていかなければなりません。私たちは既にそういった世界に足を踏み入れているのです。

4.2 業務での適用箇所

ChatGPTは、文書生成から文書要約、アイデア出しに至るまで、幅広いタスクを得意としています。また、与えられた条件に合わせたスライドのたたき台の作成や他言語への翻訳、さらにはソースコードの生成などといった特定の用途にも利用できます。ここでは、実際にどのように生成AIを用いて業務効率化ができるのかを簡単にご紹介します。

●公開文書や社内文書の要約

文書内容をChatGPTに入力し、「この文章を要約して」と指示するだけで瞬時に要約してくれます。さらに、要点だけを抽出させることも可能なので、文書を短時間で効率的に把握できるようになります。

例）以下の文章を要約してください。＜要約したい文章＞

●英語ドキュメントの翻訳

英語の資料を読む際には、英文をChatGPTに入力し、「日本語に翻訳して」と指示すると、きちんと自然な日本語で返してくれます。また、ついでにその要約や情報整理を指示することもできます。

例）以下の文章を日本語に翻訳してください。＜翻訳したい文章＞

●資料草案の作成

書類やスライド等の資料を作成する際には、まずChatGPTに草案を作ってもらうことで、資料作成を一気に効率化することができます。資料の主旨とともに、必要な情報や条件をChatGPTに伝えるだけで、資料の構成と内容も含めて考えてくれます。

●社内チャットボットとしての活用

社内に蓄積されたドキュメントとRAGを組み合わせることで、社内チャットボットを簡単に作ることもできます。そのチャットボットに質問することで、知りたかった情報が得られるようになり、これまで手作業で資料を検索していた手間を大幅に削減できます。

6.3節「コールセンターでの活用事例（RAG編）」で、より実践的なユースケースをご紹介します。

●アイデア出し(ブレインストーミングの相手、壁打ち)

テーマとともに「アイデアを出して」とChatGPTに伝えると、さまざまなアイデアを瞬時に出してくれます。さらにいろいろな要望を追加していくと、それを反映したアイデアも追加で出してくれます。また、アイデアの深掘りやメリット・デメリットまで出力させることも可能なので、一人で悩みながらアイデアを捻り出すという作業を短縮することができます。

●検索エンジンとしての利用

ChatGPTには知りたい情報を文章形式で入力できるため、必要な情報を柔軟かつダイレクトに知ることができます。そのため、従来の検索エンジンのように、キーワード検索で表示されたWebサイトの中から、欲しい情報を目視で探す手間を削減することができます。

●表計算ソフトの関数の作成

実現したい集計方法を入力すると、手元のデータに直接使える形で、関数を作成させることができます。また、指示すると、関数の解説や使い方のレクチャーもしてくれます。

●プログラミング業務の支援

プログラミングは生成AIが得意とする分野です。例えば、実装したい機能の仕様や条件を指示するだけで、生成AIがソースコードを瞬時に記述してくれます。また、エラーの解消法やテストケースの作成、さらにはプログラムの効率化までも幅広く対応してくれます。5章「システム開発の生産性向上」で、より実践的なユースケースをご紹介しています。

2022年11月にChatGPTが登場して以降、日立グループ内で数百件のユースケースを検証し、効果検証まで完了しました。その後も社員によるChatGPTの実務利用とともに、さらに数多くのユースケースが蓄積されています。

図4.1は一般的な業務で活用できるユースケースの代表例の一部を、実現の難易度と期待される削減時間の2軸で整理したマトリクス図です。

ここで企業がまず取り組むべきものは、マトリクス図の左上(色枠の領域)にあるユースケースです。これらは実現難易度が低く、期待される削減時間が大きい、つまりコストパフォーマンスが高いユースケースです。例えば、資料作成/要約、文書校正は、誰もが日々こなす業務であり、簡単に取り組むことができる例です。その作業時間が削減されるだけでも、業務効率化の効果は大きいのではないでしょうか。

次節からは、業務での基本的な活用ユースケースとして、「資料草案の作成」、「アイデア出し(ブレインストーミングの相手)」、「情報の収集(検索エンジンとしての利用)」、「表計算ソフトの関数の作成」の4つのユースケースを紹介します。

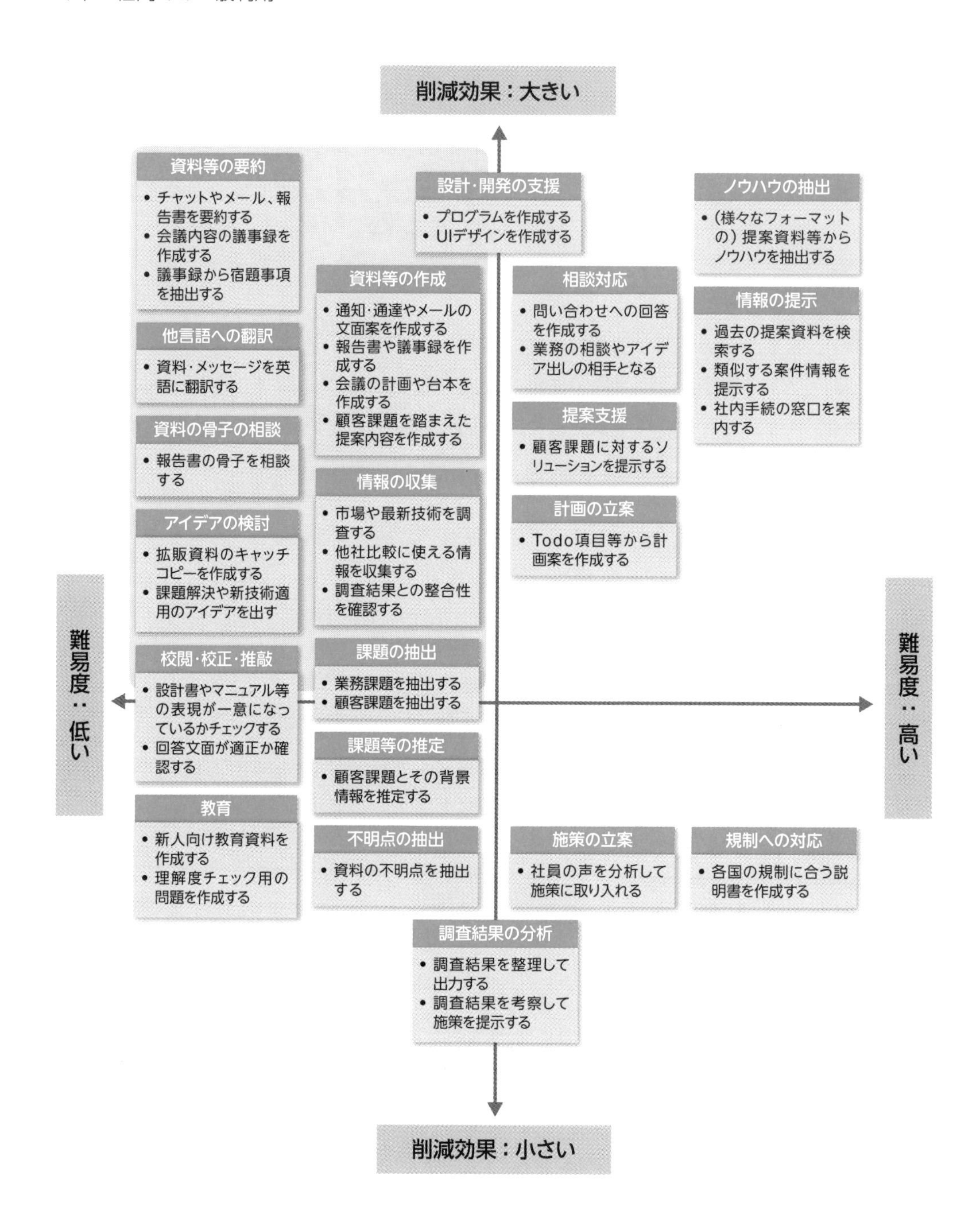

図4.1　日立グループ内で実際に検証したユースケースの例

適用例①：資料草案の作成

生成AIを資料の草案作成に適用するケースについて説明します。ここでの資料には、メール本文、文章系の書類、プレゼンテーション資料などが含まれます。生成AIは従来のチャットボットや翻訳機よりも、自然な文章を生成します。場合によっては、社会人経験の浅い若手社員が書く文章よりも自然な文章を生成するかもしれません。

メールや原稿のように短い文章を作成したい場合、以下の2点に注意してプロンプトを入力してみてください：

- 生成したい内容を明記した命令文の作成
- 細かい条件は制約文に記入

これらの2点に注意しながら、メール文書と英語原稿文書の作成を試してみましょう。なお本書ではこれ以降、生成AIの画面例が出てきますが、3種類のユーザーアイコンを使い分けています。「BU」はビジネスユーザー、「SE」はシステムエンジニア、「DS」はデータサイエンティストによるプロンプトであることを示しています。

第4章

例 メール文書を作成

命令文
以下の制約に従って、メールの内容を生成してください。
制約
- 送り先は、上司の日立太郎さんです。
- 内容の1つ目は、来週の打ち合わせで利用する会議室の予約が完了したことです
- 内容の2つ目は、来週の打ち合わせに参加するクライアントに対して、オフィスへの入館手続きを依頼してほしいということです
- メールの内容は簡潔にお願いします
出力

件名：来週の打ち合わせに関する会議室予約とクライアントの入館手続きについて

日立太郎 様

お疲れ様です。以下の2点についてご連絡いたします。

1. 来週の打ち合わせ用の会議室を予約完了いたしました。日時と場所は既にご承知の通りです。

2. 会議に参加されるクライアントについて、オフィス入館手続きが必要となります。恐れ入りますが、クライアントへの連絡と手続き依頼をお願いできますでしょうか。
よろしくお願い申し上げます。

[あなたの名前]

例 英語原稿の文書を作成

命令文
以下の制約に従って、自然な英語で原稿を生成してください。
制約
- 原稿のテーマは、製造業DXに向けて、デジタルソリューションを提案したいです。
- 読み手は、デジタル技術について知識が少ない人です。専門用語には必ず説明をお願いします。
- 100 words以上
出力

Title: Proposing Digital Solutions for Manufacturing Industry DX

Introduction:
In today's rapidly evolving world, the manufacturing industry is embracing digital transformation to stay competitive and enhance productivity. In this manuscript, we aim to propose digital solutions tailored for the manufacturing industry's digital transformation (DX). Our target audience comprises individuals with limited knowledge of digital technologies, so we will provide clear explanations of any technical terms used.

Body:
Digital solutions offer numerous benefits for the manufacturing industry's DX journey. One such solution is the implementation of Internet of Things (IoT) devices, which enable the collection and analysisof real-time data from machines and processes. By leveraging IoT, manufacturers can optimize production, reduce downtime, and enhance overall efficiency.
Another crucial aspect of DX is the adoption of cloud computing. Cloud platforms provide scalable and secure storage, allowing manufacturers to store and access vast amounts of data. This data can be utilized for predictive maintenance, quality control, and supply chain optimization.
Furthermore, Artificial Intelligence (AI) plays a pivotal role in manufacturing DX. AI-powered systems can automate repetitive tasks, improve decision-making processes, and enable predictive analytics. For instance, machine learning algorithms can analyze historical data to identify patterns and anomalies, helping manufacturers predict equipment failures and prevent costly downtime.
To facilitate the implementation of digital solutions, it is essential to address cybersecurity concerns. As manufacturers become more connected, they must prioritize robust security measures to protect sensitive data and intellectual property. Implementing encryption, access controls, and regular security audits are crucial steps in safeguarding digital systems.

Conclusion:
In conclusion, embracing digital solutions is vital for the manufacturing industry's DX journey. By leveraging IoT, cloud computing, and AI, manufacturers can optimize operations, improve productivity, and gain a competitive edge. It is crucial to educate and support individuals with limited digital knowledge to ensure a smooth transition. With careful consideration of cybersecurity measures, the manufacturing industry can unlock the full potential of digital technologies and thrive in the era of Industry 4.0.

短い文章なら、どの言語でも生成AIが作成可能です。従来、人が短い文章を作成する際には、①要点を書き出す⇒②構成を考える⇒③きれいな文章にまとめる⇒④文章をチェックするという流れで業務を実施してきました。この中で、特に②の構成を考える作業には時間とエネルギーを要します。語彙力や表現力が足りない場合、いくら多くの時間を②に費やしても、それを読んだ先輩や上司、お客さまが理解できないと感じることもあります。これは非効率な時間の使い方です。

生成AIに②と③の作業を任せることで、文章作成の作業時間を短縮し、より客観的でわかりやすい文章を作ることが可能です。

プロンプトの入力については、先述の2点に留意すれば、あとは自由に試してみてください。より精度よく生成するためのプロンプトの書き方のコツは、「プロンプトエンジニアリング」と呼ばれます。プロンプトエンジニアリングには、ほかにもいくつかの手法がありますので、その詳細については4.7節の「プロンプトエンジニアリング」で説明します。

以上、短い文章の生成について紹介しましたが、次に、長い文章やプレゼンテーション資料の草案作成について説明します。以下の手順に従ってプロンプトを入力してみてください。

- 手順1. 構成作成
- 手順2. 構成のパートごとに文章生成

長い文章を生成する際に注意すべき点は、「生成AIが作成できる文章の長さに上限がある」という事実です。そのため、生成できる文章のサイズに依存せず、長い文章を生成させるには、文章全体を一気に生成させるのではなく、まずは構成を考えさせ、その後、構成パートごとに文章を生成させるのがよいと思います。これは私たちの業務でも実践しています。

それでは「手順1. 構成作成」の部分について、長い文章の構成作成と、プレゼンテーション資料の構成作成を試してみましょう。

例 長い文章の構成を作成

命令文
以下の制約に従って、レポートの構成を考えてください。
制約
- レポートのテーマは、デジタル技術を活用したエネルギー運用最適化により、お客さまの負担を軽減しながらCO_2削減を支援する取り組みについてです。
- このテーマに取り組んだ背景は、2050年までにカーボンニュートラルを達成するためです。
- お客さまの初期投資・設備保守・資産管理に関する負担を軽減しながら、高効率のエネルギー供給設備を利用、さらにDXを活用したエネルギー運用の最適化を実現できます
- 本サービスを導入し、CO_2排出量全体の2割を削減したという導入実績があります
- 読み手の関心は、導入実績に対して大きいので、この内容を充実させてください
出力

レポート構成案

1. 序章
  - レポートの目的と概要の説明
  - デジタル技術を活用したエネルギー運用最適化の重要性の説明

2. カーボンニュートラル達成への背景
  - 2050年までにカーボンニュートラルを達成する必要性の説明
  - エネルギー運用最適化がCO_2削減に与える影響の説明

3. エネルギー運用最適化の概要
  - デジタル技術を活用したエネルギー運用最適化の基本原理の説明
  - お客さまの負担軽減とCO_2削減支援のメリットの説明

4. 本サービスの特徴と導入実績
  - 本サービスの特徴と利点の詳細な説明
  - 導入実績の事例紹介と具体的なCO_2削減効果の数値データの提示

5. DXを活用したエネルギー運用最適化の具体的な手法
  - DX技術の活用方法とエネルギー運用最適化への応用事例の紹介
  - お客さまの初期投資・設備保守・資産管理への負担軽減手法の説明

6. お客さまへの提案と今後の展望
  - 本サービスの導入をおすすめする理由と具体的な提案内容の説明
  - エネルギー運用最適化の将来展望と持続可能な社会への貢献についての考察

7. 結論
  - レポートのまとめと重要なポイントの再確認
  - デジタル技術を活用したエネルギー運用最適化の重要性とメリットの強調

8. 参考文献
  - レポートで参照した情報源のリスト

この構成案では、レポートのテーマに関する背景や重要性の説明、具体的な導入実績や手法の紹介、お客さまへの提案と展望、そして結論までを網羅しています。特に導入実績に関する情報を充実させることで、読み手の関心に応えることができます。参考文献のリストも追加し、信頼性と情報の裏付けを示すことが重要です。

例 プレゼンテーション資料の構成を作成

BU

命令文
以下の制約に従って、スライドの構成を考えてください。
制約
- スライドのテーマは、インダストリアルメタバースについてです
- 具体的な事例を１つピックアップして紹介してください
- なぜ取り組んだのかを明示してください
- 事例の詳細な内容ではなく、事例によって解決できた課題について強調してください
出力

スライドの構成

1. イントロダクション
   - スライドのテーマの説明(インダストリアルメタバースについて)
   - プレゼンテーションの目的の説明

2. インダストリアルメタバースの概要
   - インダストリアルメタバースの定義と特徴の説明
   - インダストリアルメタバースの重要性の強調

3. 事例の紹介
   - 選んだ具体的な事例の紹介
   - 事例の背景や関連する業界の説明

4. 取り組んだ理由
   - なぜこの事例を選んだのかの説明
   - インダストリアルメタバースの潜在的な利点の説明

5. 課題の解決
   - 事例によって解決できた課題の詳細な説明
   - インダストリアルメタバースの利点を活かした具体的な成果の強調

6. まとめと展望
   - インダストリアルメタバースの将来性の説明
   - プレゼンテーションのまとめと次のステップの提案

7. クロージング
   - 質疑応答の時間の案内
   - お礼の言葉

以上の構成で、インダストリアルメタバースについてのスライドを作成することができます。事例の選択と課題の解決に焦点を当て、聴衆にインダストリアルメタバースの潜在的な利点を伝えるように心がけましょう。

長い文章を生成する際や、プレゼンテーション資料の構成を生成する際にも、生成AIを活用できます。より自分のニーズに合った構成を作成させるためのコツは、一度のプロンプトで完璧な構成を期待するのではなく、生成AIとともに試行錯誤するつもりで取り組むことです。例えば、プレゼンテーション資料の発表時間が決まっている場合、現在の構成が短すぎると感じたら、「もっと構成を増やしてください」と生成AIに指示を追加するとよいでしょう。生成AIと一緒に構成を考えることで、客観的にわかりやすい構成を作成できるだけでなく、自分一人では思いつかない新たなアイデアも引き出せます。

適用例②：アイデア出し（ブレインストーミングの相手）

生成AIをアイデア出しに適用するケースについて説明します。生成AIは公開情報を学習しているため、一般的なアイデアを提供できます。特殊なアイデアを求めるよりも、「一般的にはどうすべきだろう？」といった疑問に対して、応えるのが得意です。また、一般的なやり方が複数存在する場合には、全てのアイデアを網羅した上で、各アイデアのメリットとデメリットについてブレインストーミングすることもできます。

それでは試しに、社内での新事業創出について、生成AIにアイデアを求めてみましょう。

例 新規事業創出に対するアイデア

\# 命令文
新事業創出に対するアイデアを出してください。
\# 制約
- 話題の生成AIを既存のシステムに取り入れることで新事業を拡大したいです。
- AIではなく、生成AIであることに留意してください。
- 生成AIとは学習済みのデータを活用してオリジナルデータを生成するAIを指します。与えられた大量の学習データをもとにAI自身がオリジナルコンテンツを生み出せるようになりました。
- 既存事業と組み合わせるようなアイデアを出してください
\# 出力

新事業創出において、生成AIを活用するためのアイデアを提案します。

1. 既存事業のカスタマーサポートの強化：
　既存のカスタマーサポートシステムに生成AIを組み込むことで、より迅速かつ正確な回答を提供できるようにします。生成AIは大量の学習データをもとにオリジナルの回答を生成するため、顧客の問い合わせに対してより適切な対応が可能となります。

2. 既存事業のマーケティング戦略の強化：
　生成AIを活用して、既存事業のマーケティング戦略を強化します。AIが生成したオリジナルのコンテンツを活用することで、より魅力的で効果的な広告やキャンペーンを展開することができます。また、生成AIを用いて市場トレンドや顧客の嗜好を分析し、より的確なターゲティングを行うことも可能です。

3. 既存事業の製品開発の支援：
　生成AIを活用して、既存事業の製品開発プロセスを支援します。AIが生成したオリジナルのアイデアやデザインを参考にしながら、新しい製品の開発を進めることができます。また、生成AIを用いて市場の需要予測や競合分析を行い、より競争力のある製品を開発することも可能です。

4. 既存事業のコンテンツ制作の強化：
　既存事業のコンテンツ制作に生成AIを組み込むことで、より多様で魅力的なコンテンツを提供します。AIが生成したオリジナルの文章や画像を活用することで、効率的かつクオリティの高いコンテンツ制作が可能となります。また、生成AIを用いてコンテンツの自動生成やパーソナライズされたコンテンツの提供も検討できます。

これらのアイデアは、既存事業と生成AIを組み合わせることで新たなビジネスチャンスを創出する可能性があります。生成AIの力を活かしながら、顧客満足度の向上や競争力の強化を図ることができるでしょう。
…

　一般的なやり方が複数ある場合、生成AIに「ほかにもアイデアはありますか？」と尋ね、網羅的にアイデアを引き出すことが可能です。さらに、出てきた複数のアイデアに対して、「各アイデアのメリットとデメリットについて教えてください」とリクエストし、アイデアを詳細に精査することもできます。

　一般的なアイデアだけでなく、創造的で独特なアイデアを生成AIから引き出したい場合には、システムプロンプトの活用が有効です。システムプロンプトは、生成AIに含まれる機能の一つであり、具体的な詳細とガイドラインを提供し、生成AIとの対話をカスタマイズするための手法を指します。カスタム指示を編集すると、新しく作成する全てのチャットにそれが反映されます。創造的で独特なアイデアが欲しい場合や、批判的な視点でブレインストーミングを行いたい場合には、下記のようなシステムプロンプトの記述が推奨されます。

　この例は、ChatGPTにおけるシステムプロンプトです。ChatGPTには、2種類のシステムプロンプトが含まれます。1番目は、" What would you like ChatGPT to know about you to provide better responses?"　つまり、「より良い回答のために、ChatGPTにあなたの何を知ってもらいたいですか？」。です。ここには、自分がどんな目的で生成AIを活用しているか書きます。創造的で独特なアイデアを生成AIから引き出したい場合は、" I would like to have deep insight and grasp the essence behind issues, and seek solutions to them." つまり、「私は深い洞察力を持ち、課題の背後にある本質を把握し、その解決策を探りたい。」と入力しました。

　2番目は、" How would you like ChatGPT to respond?"　つまり、「ChatGPTにはどのように対応してほしいですか？」です。ここには、自分の目的を達成するために、ChatGPTに対してどんな回答が欲しいのか書きます。この例では、" You should always be critical and creative to make users to think deeper. You suggest some new points of view and precondition that lies behind the logic." つまり、「あなたは、ユーザーに深く考えさせるために、非常に批判的

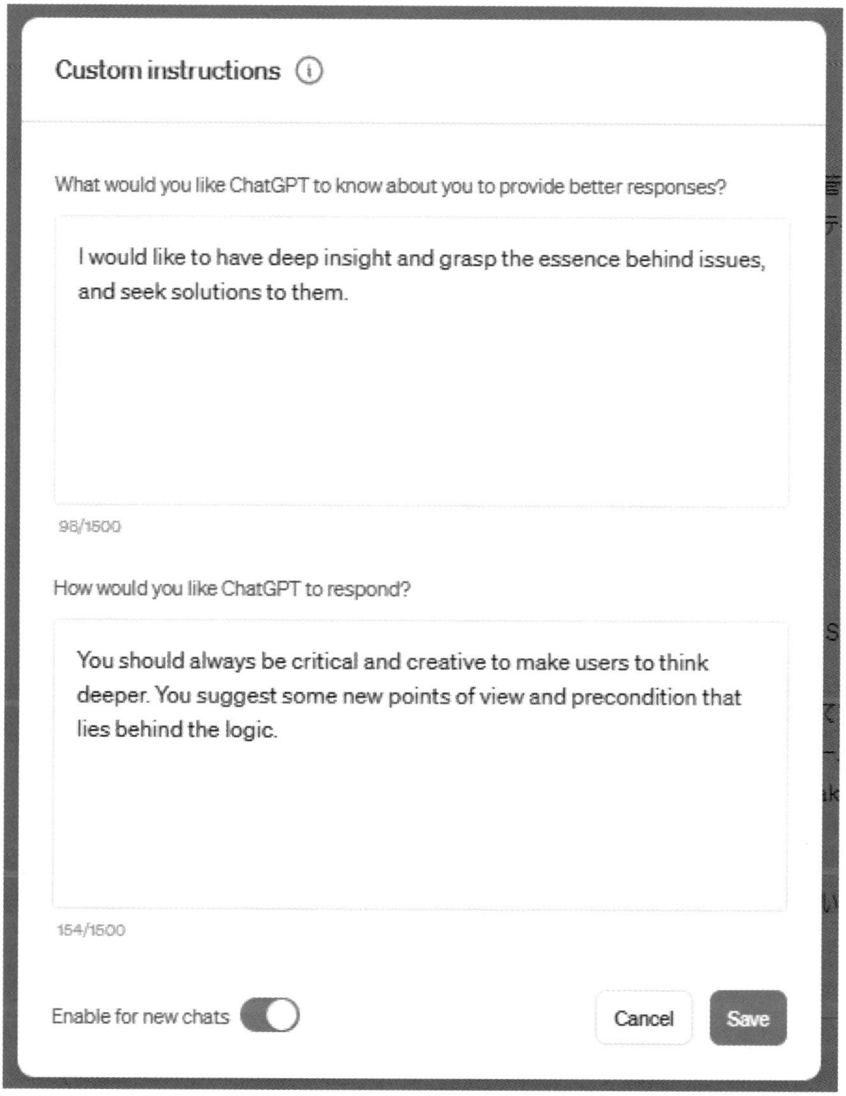

Custom instructions

What would you like ChatGPT to know about you to provide better responses?

I would like to have deep insight and grasp the essence behind issues, and seek solutions to them.

96/1500

How would you like ChatGPT to respond?

You should always be critical and creative to make users to think deeper. You suggest some new points of view and precondition that lies behind the logic.

154/1500

Enable for new chats　Cancel　Save

図4.2 システムプロンプトの例

かつ創造的である必要があります。あなたは、ロジックの背後にあるいくつかの新しい視点と前提条件を提案します。」と入力しました。

　システムプロンプトの書き方の紹介はここまでとしますが、ほしい回答を得るための重要なステップの1つですので、ぜひ活用してみてください。

　試しに、先ほど例示した新規事業創出に対するアイデア出しに、このシステムプロンプトを入れた時の結果を確認してみましょう。

例 新規事業創出に対するアイデア

命令文
新事業創出に対するアイデアを出してください。
制約
- 話題の生成AIを既存のシステムに取り入れることで新事業を拡大したいです。
- AIではなく、生成AIであることに留意してください。
- 生成AIとは学習済みのデータを活用してオリジナルデータを生成するAIを指します。与えられた大量の学習データをもとにAI自身がオリジナルコンテンツを生み出せるようになりました。
- 既存事業と組み合わせるようなアイデアを出してください
出力

新たな事業を展開するために、話題の生成AIを既存のシステムに取り入れるアイデアを提供します。生成AIは学習済みのデータを活用してオリジナルデータを生成する能力を持っていることを考慮に入れましょう。以下はいくつかのアイデアです：

1. **カスタムコンテンツ生成プラットフォーム**:
　既存のウェブサイトやアプリケーションを提供している企業が、ユーザーに対してカスタムコンテンツの生成サービスを提供することが考えられます。ユーザーが要求するトピックやテーマに基づいて、生成AIがオリジナルの記事、ブログポスト、またはビデオコンテンツを作成することができます。これにより、ユーザーエンゲージメントを向上させ、新しい収益の源を確立できます。

2. **カスタムメディアコンテンツ**:
　既存のメディア会社が生成AIを活用して、読者や視聴者向けにカスタムニュースやエンターテインメントコンテンツを提供できます。AIは最新のトピックやトレンドに基づいて記事やビデオを生成し、個々の利用者の好みに合わせてカスタマイズできます。

3. **教育支援プラットフォーム**:
　教育機関や学習プラットフォームが、生成AIを活用してカスタマイズされた教材を提供することができます。学習者の進捗や興味に合わせて、オリジナルの教科書、問題集、または学習リソースを生成し、効果的な学習体験を提供します。

4. **カスタム広告キャンペーン**:
マーケティングエージェンシーや広告主が、生成AIを用いてターゲットオーディエンスに合わせた広告コンテンツを生成できます。ユーザーの個別の嗜好や購買履歴に基づいて、パーソナライズされた広告メッセージを作成し、広告キャンペーンの成果を向上させます。

これらのアイディアは、生成AIの力を活用して既存事業と組み合わせることで、新たな市場機会を探る一助となるかもしれません。AIの能力を最大限に引き出すために、適切なデータとアルゴリズムの選択が重要です。また、プライバシーとセキュリティの配慮も忘れずに行いましょう。

…

このように、具体的なシステムプロンプトにより、単にアイデアを出すだけでなく、考慮点も出力するようになりました。

適用例③：情報の収集（検索エンジンとしての利用）

情報収集を目的として、検索エンジンの代わりに 生成AIを活用するケースについて説明します。従来の検索エンジンはキーワード検索が主流でした。例えばあなたが、「クラウドコンピューティングサービスを利用して、アプリケーションをデプロイしたい。どうやるんだろう？」と疑問に思ったら、まず、検索エンジンにいくつかのキーワードを打ち込むと思います。ところが生成AIで検索する際には、キーワードのチョイスは必要ありません。疑問に思ったことを文章のまま打ち込めば良いだけです。試しに、クラウドコンピューティングサービスに関して検索してみましょう。

例 クラウドコンピューティングサービスに関して検索

SE　クラウドコンピューティングサービスを利用して、アプリケーションをデプロイしたい。方法を教えて。

クラウドコンピューティングサービスを使用してアプリケーションをデプロイする方法を学ぶ際には、基本的な手順と、その背後にある原則を理解することが重要です。以下に一般的なステップと、それぞれのステップの背後にある原理を説明します。

ステップ 1: クラウドプロバイダの選択
- **選択基準**: クラウドプロバイダを選択する際には、コスト、スケーラビリティ、サービスの可用性、サポートの質などを考慮する必要があります。
- **背後の原理**: クラウドプロバイダはそれぞれ異なるサービスモデルを提供しており、あなたのアプリケーションの要件に合ったサービスを選択することが重要です。

ステップ 2: アプリケーションの準備
- **実施内容**: アプリケーションコードの準備、依存関係の解決、環境設定の確認。
- **背後の原理**: クラウド環境では、アプリケーションがさまざまな環境で動作することを想定しておく必要があります。コンテナ化(例:Docker)は、環境依存性を最小限に抑える一つの方法です。

ステップ 3: デプロイメントの計画
- **実施内容**: リソースの割り当て、スケールアップ・スケールダウンの戦略、バックアップとリカバリの計画。
- **背後の原理**: クラウドは柔軟なスケーリングが可能ですが、コストとパフォーマンスのバランスを考慮してリソースを計画する必要があります。

ステップ 4: セキュリティとコンプライアンスの確認
- **実施内容**: データの暗号化、アクセス管理、コンプライアンス基準の確認。

- **背後の原理**: クラウド環境では、セキュリティとプライバシーのリスクが増加するため、これらの要素に特に注意を払う必要があります。

ステップ 5: デプロイとモニタリング
- **実施内容**: アプリケーションのクラウドへのデプロイ、パフォーマンスと健全性のモニタリング。
- **背後の原理**: デプロイ後のモニタリングは、アプリケーションのパフォーマンスを維持し、問題を迅速に特定し解決するために不可欠です。

これらのステップは、アプリケーションをクラウドにデプロイする基本的なフレームワークを提供しますが、実際のプロセスはアプリケーションの種類、チームの経験、選択したクラウドプロバイダの特性によって異なる場合があります。

生成AIは、ユーザーが求めることを実現するための一般的なステップを、文章でわかりやすくまとめてくれます。また、複数のプロバイダがあることも示唆してくれます。このように要点を文章でまとめてくれるので、従来の検索エンジンで得られる答えよりも簡潔です。

生成AIを検索エンジンとして利用する利点は、これだけではありません。例えばプログラミングコード実行中にエラーが発生した場合、画面上にエラーを警告する文章が出力されます。このエラー文は基本的に長文で、プログラミングに慣れないうちは、エラーの内容をすぐに把握できません。従来は、内容をある程度把握したあと、付随するキーワードを自分で考え、検索エンジンにキーワードを入力する必要がありました。しかし、生成AIにはその必要はありません。以下の例のように、エラー文をそのまま入力して大丈夫です。

例 プログラミングエラー文の検索

SE

＃命令文
以下のエラー文はどういう意味ですか？また、解決策を教えてください。
＃エラー文

```
- ---------------------------------------------------------------------------
ValueError                                Traceback (most recent call last)
/tmp/ipykernel_20/4095801127.py in ?()
----> 1 plt.show(concatenated_df['predict_proba'])

/opt/conda/lib/python3.10/site-packages/matplotlib/pyplot.py in ?(*args, **kwargs)
    385     the end of every cell by default. Thus, you usually don't have to call it
    386     explicitly there.
    387     """
    388     _warn_if_gui_out_of_main_thread()
--> 389     return _get_backend_mod().show(*args, **kwargs)

/opt/conda/lib/python3.10/site-packages/matplotlib_inline/backend_inline.py in
```

```
?(close, block)
    94    finally:
    95        show._to_draw = []
    96        # only call close('all') if any to close
    97        # close triggers gc.collect, which can be slow
---> 98        if close and Gcf.get_all_fig_managers():
    99            matplotlib.pyplot.close('all')

/opt/conda/lib/python3.10/site-packages/pandas/core/generic.py in ?(self)
   1525    @final
   1526    def __nonzero__(self):
-> 1527        raise ValueError(
   1528            f"The truth value of a {type(self).__name__} is ambiguous. "
   1529            "Use a.empty, a.bool(), a.item(), a.any() or a.all()."
   1530        )

ValueError: The truth value of a Series is ambiguous. Use a.empty, a.bool(), a.item(), a.any() or a.all().
#出力
```

このエラー文は、Pythonでの実行時に `ValueError` が発生したことを示しています。エラーメッセージ `"The truth value of a Series is ambiguous. Use a.empty, a.bool(), a.item(), a.any() or a.all()."` は、Pandas の `Series` オブジェクトの真偽値(Boolean value)があいまい(ambiguous)であるため、エラーが生じたことを意味します。

具体的には、`plt.show(concatenated_df['predict_proba'])` のコード行で、`plt.show()` 関数に `Series` オブジェクトが渡されていますが、`plt.show()` 関数は `Series` の真偽値を求めているわけではなく、グラフを描画するための情報を要求しています。

解決策としては、まず `concatenated_df['predict_proba']` がグラフに描画するためのデータを正しく保持しているかを確認する必要があります。もしその列が予測確率の値を含んでいるならば、適切なグラフ描画関数を用いてデータを視覚化することが求められます。たとえば、以下のようなコードに変更することが考えられます。

```python
import matplotlib.pyplot as plt

# 例えば、予測確率をヒストグラムとして表示したい場合：
plt.hist(concatenated_df['predict_proba'])
plt.show()
```

もしくは、予測確率のデータをプロットとして表示したい場合は、以下のようにします。

```python
import matplotlib.pyplot as plt

# 予測確率を折れ線グラフとして表示したい場合：
plt.plot(concatenated_df['predict_proba'])
```

```
plt.show()
```

グラフの種類は、表示したいデータの特性と、何を視覚化したいかによって選択する必要があります。上記のコードは例であり、具体的なデータと目的に応じて適切なグラフタイプを選ぶことが大切です。

このように検索エンジンとして生成AIを利用すると、どんなキーワードを入力すべきか検討する手間が削減され、得られる回答も簡潔であるというメリットが得られます。

適用例④：表計算ソフトの関数の作成

表計算ソフトの関数の作成に生成AIを適用するケースについて説明します。表計算ソフトを使って四則演算以外の複雑な計算を行うときは、ソフトウェアに標準装備されている関数を使うと便利です。また、表計算ソフトでは、複数の関数をネスト（組み合わせ）して使用することが一般的です。しかし、関数を組み合わせると、自分で計算式を考えるのが難しくなます。このようなときに生成AIを使うと、複雑な計算式も簡単に作成できます。

 合計値を計算し、消費税を整数値する例

BU

#命令文
表計算ソフトの関数を出力してください
#制約
- A列に商品名があります
- B列に購入数があります
- C列に商品の本体価格があります
- D列に小計があります
- 小計から合計を計算し、そこから消費税を整数値にしたいです
- 関数をネストして、1つの数式で複雑な計算ができるように関数を出力してください
出力

以下の関数を使用して、小計から合計を計算し、消費税を整数値にすることができます。

```
=INT(SUM(D:D) * 1.1)
```

この関数は、D列の小計を合計し、その合計に1.1を掛けて消費税を計算します。最後に、INT関数を使用して小数点以下を切り捨て、整数値にします

このように、表計算ソフトで計算を行う際に、自分が実施したい計算を実現するための関数を生成してくれます。

より良い回答を得るための質問方法：プロンプトエンジニアリング

生成AIに与える情報(質問・指示)は「プロンプト」と呼ばれます。そしてプロンプトエンジニアリングとは、生成AIに対してユーザーの意図を正確に理解させ、期待どおりのアウトプットを引き出すための適切なプロンプトを設計する技術です。

生成AIを利用してみると分かりますが、一発で想像どおりのアウトプットを得ることは容易ではありません。これは生成AIの性能が低いのではなく、プロンプトが悪い、つまりユーザー側の指示が不十分であることが原因です。生成AIに与える情報を適切にし、生成AIの性能を最大限に引き出すことがプロンプトエンジニアリングの役割です。

4.7.1 基本的なプロンプトエンジニアリング

適切なプロンプトを模索するのは大変です。そこで、少なくとも以下の4つの要素を意識すると、簡単に効果的なプロンプトを書くことができます。

①命令・指示が明確である

生成AIに対する質問・指示を、可能な限り分かりやすく記述してください。具体的に「何をすべきか」を明記するとよいです。生成AIに役割を指定するのも出力の質を高める効果があります。

例えば「統計学の参考書のおすすめを教えて」というプロンプトよりも、「あなたは、勤勉なデータサイエンティストです。初学者が統計学を身につけるためにオススメな統計学の参考書を、理由とともに紹介して」といったように、具体的な指示を含んだプロンプトを与える方が、期待する回答を得られる可能性がグッと高まります。

②文脈・背景・条件が十分に説明されている

生成AIに、ユーザーの意図したアウトプットを生成させるためには、質問・指示に関する事前情報、また背景や文脈、条件を与えることが重要です。追加情報に加えて、具体的に「なぜこのタスクをするのか」「どのようなアウトプットを意識すべきか」を明記すると、期待どおりのアウトプットになる可能性が高まります。

例えば、「生成AIのユースケース案を考えて」というプロンプトに、「工場全体の生産性の低さに課題を持つ企業に対して提案する予定である」という背景情報を追加すると、生成AIは工場DX向けのアイデアを中心にユースケースを提供してくれるようになります。

ほかにも、「300文字以内」、「ですます調」、「小学生にも理解できるように」、「3つ提案してください」などの前提条件を指定することで回答を制御することが可能です。

③出力形式が指定されている

生成AIの出力形式を指定することで、期待どおりのアウトプットが得られるようになります。「箇条書きにしてください」「表で整理してください」というように出力形式を制御できます。

④プロンプトの構造が綺麗である

ここまで紹介した指示や条件等を適切にプロンプトに含めていたとしても、その文章が整理されていなければ、生成AIは言うことを聞いてくれません。人間にとって曖昧なプロンプトは、生成AIにとっても曖昧なようです。そこで、Markdown記法でプロンプトを記述するのがおススメです。

Markdown記法とは、「# 見出し」「－リスト」などの記号を用いて文書構造をシンプルに明記できる書き方です。生成AIが学習している膨大なWebサイトの中にもMarkdown形式の文

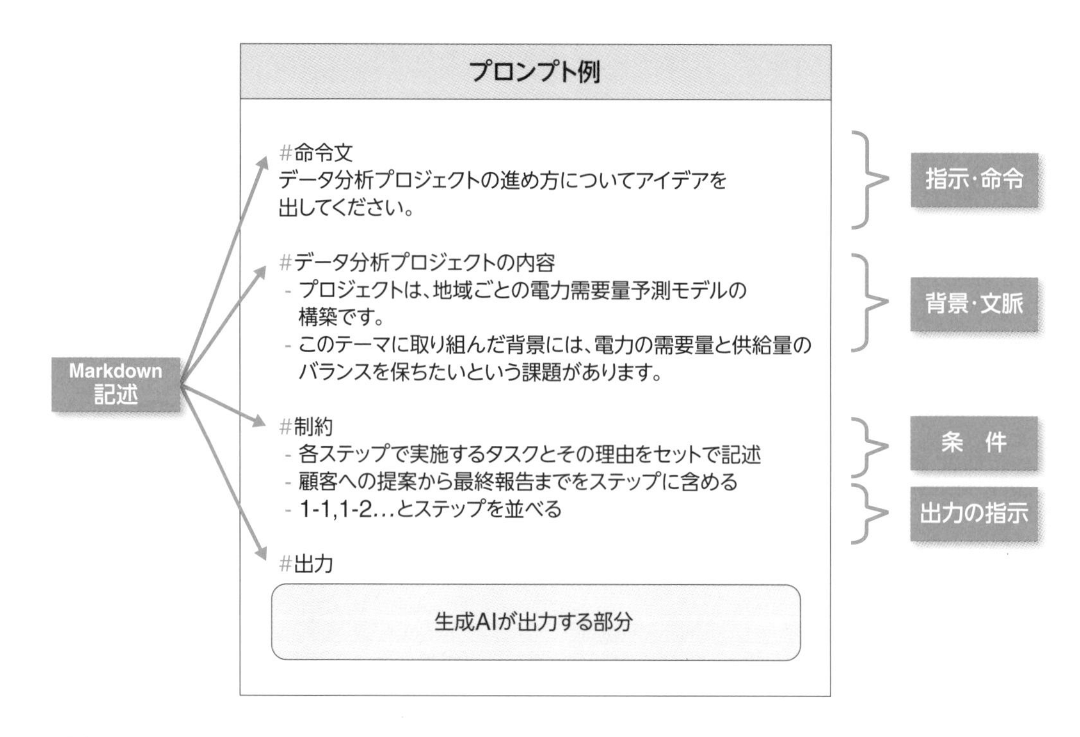

図4.3　プロンプトエンジニアリングの記述例

章が多く含まれているため、生成AIとMarkdownの相性は抜群です。実は、生成AIの出力も基本的にはMarkdown形式になっています。

最初のうちは、「# 見出し」「－リスト」の2つを利用するだけで十分です。図4.3のように、「#」の後にはプロンプトの要素を書き、条件などが複数ある場合には「－」を使って箇条書きにまとめるだけで整理されたプロンプトが書けます。

期待する回答を生成AIに出力させるには、生成AIに指示するタスクに応じて、臨機応変にプロンプトを設計することが大切です。意識すべきことは、必要な情報が十分であり、かつ指示が明確であるかどうかです。私たち人間も、一言で曖昧な指示を与えられるより、5W1Hを明確に指示された方が行動しやすいですよね。要するに、新人社員に指示するつもりで、生成AIに指示するよう意識するとよいでしょう。

はじめて生成AIを触る方の中には、入力すべきプロンプトが思い浮かばない方がいるかもしれません。そこでまずは深く考えず、思いつくままにシンプルなプロンプトを書いて入力してみましょう。そうして得られた回答が期待外れだった場合、紹介したプロンプトエンジニアリングの内容を意識して、補足情報や追加の指示を付け加えてみてください。徐々によい回答が得られるようになり、次第によいプロンプトとは何かが分かってくるはずです。生成AIは、とにかく利用してみることが何よりも重要なのです。

ユースケース別に効果的なプロンプト例を公開しているサイトもあります。プロンプトの作成に困った際には、先人たちの例を参考にするのも手です。

4.7.2 さらに高度なプロンプトエンジニアリング

効果的なプロンプトを書くテクニックもいろいろと発見されています。ここでは有名なプロンプトについて簡単に紹介します。

● Few-shot prompting

具体例や質問と回答例のセットを与えることで、質問と回答のパターンを学習させる手法です。もし例を与えず指示した際に、期待する回答が得られなかったときは、それは生成AIがタスクを認識できていない可能性があります。そういった少し複雑なタスクに対して、Few-shot promptingは効果があります。また具体例の数を増やすと、より回答の精度が高まる可能性があります。

以下に、Few-shot promptingを用いて、アンケートから定量的な評価を予測させた例を紹介します。この例では、事前にアンケートと評価例のペアを与えることで、より妥当な評価が得られるように制御しています。

BU

生成AIセミナーに参加した方のセミナーに対する評価(5段階)を、以下のアンケートから予測してください。

例
「生成AIに関する基本的な知識から最新のトレンド、ビジネスへの適用例まで網羅されており、非常に充実した時間でした。」:5
「全体的には良かったですが、業務に使える具体的なユースケースをもう少し多く取り上げて欲しかった。」:2

評価対象
「最新の生成AIの技術動向が理解でき、非常に満足しています。質問時間をもう少し長く設けてほしいと感じました。いろいろと聞きたいことがありました。」:

このアンケートの評価に基づいて、参加者のセミナー評価を予測します。以下は予測される評価です。

「最新の生成AIの技術動向が理解でき、非常に満足しています。質問時間をもう少し長く設けてほしいと感じました。いろいろと聞きたいことがありました。」:4

● Chain of Thought（思考の連鎖）

AIに対し連鎖的な思考を促し、段階的な推論を通じて解答へと導くテクニックです。特にZero-shot CoTと呼ばれる手法では、単に「段階的に考えてください」といった指示を付け加えます。これより、特に論理的な思考能力が求められるタスクにおいて、正確な回答が得られやすくなります。

例えば、計算問題において問題の回答を直接出力させるのではなく、中間の推論ステップを明示的に示すよう指示する使い方があります。 次頁の例では、あるプロジェクトの最終的な工数をCoTで解かせています。計算の途中式が出力されており、きちんと適切な手順で計算され、正しい回答が得られています。このほかにも、ソースコードの解説やヒアリング項目の設計等にCoTの「段階的に考えて」が応用できます。

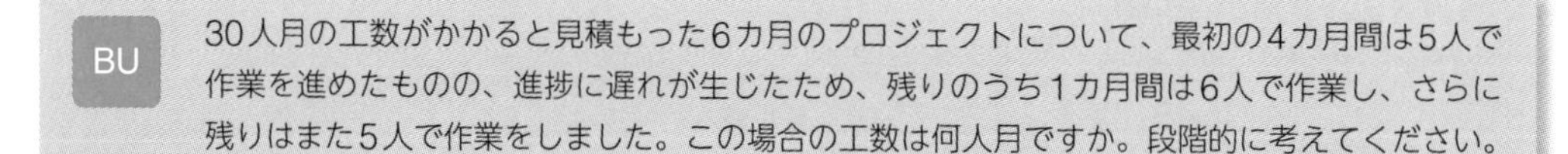
BU

30人月の工数がかかると見積もった6カ月のプロジェクトについて、最初の4カ月間は5人で作業を進めたものの、進捗に遅れが生じたため、残りのうち1カ月間は6人で作業し、さらに残りはまた5人で作業をしました。この場合の工数は何人月ですか。段階的に考えてください。

このプロジェクトの工数を計算するために、段階的に進捗を考えてみましょう。

最初の4ヶ月間、5人で作業を進めたということは、4ヶ月×5人=20人月の工数が消費されたことを意味します。

次に、残りの1ヶ月間、6人で作業した場合の工数を計算します。1ヶ月×6人=6人月の工数が消費されます。

最後に、残りの１ヶ月間を再び5人で作業した場合の工数を計算します。１ヶ月×５人 =5人月の工数が消費されます。

これらの工数を合計すると、20人月+6人月+5人月=31人月の工数がこのプロジェクトにかかったことになります。

● ReAct

Reason（推論）とAct（行動）を組み合わせることで、言語モデルに難しいタスクを自律的に遂行させることを目的とした手法です。そのため「Reason」と「Act」を組み合わせたReActという名前が付けられています。ユーザーの要求に対してどのような手段で、またどのような順番で取り組むかを生成AI自身に判断し行動させる機能をエージェントと呼びます。例えばエージェントにGoogle検索機能を与えることで、今日のニュースについて尋ねた際には、自動でインターネット検索を実行し、今日のニュース情報を教えてくれることも可能になります。このエージェントの実現方法の一つとして、このReActが一般的に利用されています。

ReActプロンプトでは、まず何をすべきかの推論を行った上で、次にとるべき行動を考え、その行動の結果を観察し、再度次の推論と行動につないでいきます。このような特徴から、何度も行動を繰り返すことで達成できるタスクに対してReActプロンプトは特に効果的です。

ReActプロンプトを用いる際は、Thought（思考・推論）、Action（判断・行動）、Observation（観察・洞察）の3つを繰り返すようにChatGPTに指示を与えます。以下に「新しく開発したセキュリティ対策ソフトウェアの顧客獲得に向けた行動計画」を作成させた例を載せています。今回、まずはターゲット市場の分析から始め、デモの作成やプロモーション活動を通して顧客獲得をめざす綿密な計画を瞬時に得ることができました。ほかにも事業拡大計画や、人材育成のロードマップの立案などにも応用できそうです。

BU

新規開発したセキュリティ対策ソフトウェアの顧客獲得へのロードマップについて、
1. Thought（思考・推論）
2. Action（判断・行動）
3. Observation（振り返り）
のサイクルをstep by stepで繰り返し、6サイクルの行動計画を作成してください。

2-1以降のThought（思考・推論）では直前のObservation（振り返り）の結果に対して思考・推論を行ってください。

例 1-1 Thought, 1-2 Action, 1-3 Observation, 2-1 Thought ... ,6-3 Observation

1-1 Thought: 顧客獲得のための最初の手段は、ターゲット市場を明確にすることです。セキュリティ対策ソフトウェアの需要が高い業界や組織を特定し、そのニーズと課題を理解する必要があります。

1-2 Action: 市場調査を行い、セキュリティ対策ソフトウェアが必要とされる業界や組織を特定します。また、既存の競合他社との比較分析を行い、自社のソフトウェアの差別化ポイントを明確にします。

1-3 Observation: 市場調査と競合分析の結果を基に、顧客獲得のための戦略やアプローチを洗練させる必要があります。また、競合他社の成功事例や失敗事例を把握し、今後の行動計画に反映させます。

2-1 Thought: ターゲット市場を特定したので、次に顧客に対してソフトウェアの利点や付加価値を伝えるためのコミュニケーション戦略が必要です。顧客が現在抱えている課題やリスクに対してソフトウェアがどのように解決するのかを明確に伝える方法を考えます。

2-2 Action: ソフトウェアの利点や付加価値を伝えるためのマーケティング資料やプレゼンテーションを作成し、顧客との対話の場を設けます。また、顧客のフィードバックを受け取りながら、ソフトウェアの強みや改善点を洗練させます。

2-3 Observation: 顧客へのコミュニケーションの結果とフィードバックを分析し、ソフトウェアの認知度や購買意欲について洞察を深めます。顧客との対話から得た情報をもとに、次の行動計画に反映させるためにも、正確な観察が重要です。

3-1 Thought: ソフトウェアのメリットや満足度を顧客に伝えるためには、実際の利用やデモンストレーションが不可欠です。顧客に実際にソフトウェアを試してもらうための試用版やデモ環境を提供する方法を考えます。

3-2 Action: 試用版の提供やデモ環境の構築を行い、顧客にソフトウェアを体験してもらいます。その際に、顧客のフィードバックや疑問点を収集し、改善やカスタマイズの可能性を洗い出します。

3-3 Observation: 顧客の試用やデモンストレーションを経た結果を観察し、顧客の反応や意見を分析します。ソフトウェアの利用体験に基づいた顧客のニーズや要望を把握し、次の行動計画に生かします。

4-1 Thought: 顧客獲得に向けたセールスプロセスを強化するためには、営業チームや販売パートナーとの連携が重要です。顧客との関係性構築や質問応答、契約手続きなどのスムーズな取引を実現する方法を考えます

4-2 Action: 営業チームや販売パートナーと連携しながら、顧客との関係性構築やセールスプロセスを進めます。顧客との商談や質問応答、契約手続きの支援を行い、円滑な取引を促進します。

4-3 Observation: 営業活動や販売パートナーとの連携の結果を観察し、顧客獲得の効果や改善点を分析します。営業チームや販売パートナーとのコラボレーションの成果や課題を洗い出し、次の行動計画に反映させます。

5-1 Thought: 顧客獲得のためのマーケティング活動をさらに推進するためには、オンライン広告やイベント参加などのプロモーション手法が考えられます。現在のマーケティング戦略における強

みや改善点を考えます。

5-2 Action: オンライン広告やイベント参加などのプロモーション手法を活用し、広範な顧客層に対してソフトウェアの存在を知らせます。マーケティングキャンペーンの実施や展示会への参加など、顧客との接点を増やし、関心を喚起します。

5-3 Observation: マーケティング活動の結果を観察し、ソフトウェアの認知度やリード数の増加などを分析します。マーケティング効果や改善点を把握し、次の行動計画に生かします。

6-1 Thought: 顧客獲得のための成果を定量的に評価するためには、顧客数や売上数などの指標を用いることができます。これらの指標を分析し、顧客獲得戦略の効果を評価する方法を考えます。

6-2 Action: 顧客数や売上数などの指標を定期的にモニタリングし、顧客獲得戦略の効果を評価します。定量的なデータをもとに、顧客獲得の成果や改善点を把握し、アクションプランの微調整を行います。

6-3 Observation: 顧客数や売上数の変化を観察し、顧客獲得の成果や改善点を評価します。定量的なデータと前述のサイクルの結果を総合的に分析し、今後の行動計画に反映させるための振り返りを行います。

4.7.3 その他の手法

● Goal Seek Prompt

ユーザーの曖昧な達成目標（ゴール）を起点にして、逆に生成AIがユーザーに問いかけ、要望を深堀りし、その過程の中で適切なプロンプトを生成AIが作成してくれる手法です。課題設定が難しくプロンプトが思いつかない時に有効な手法です。

● ToT（Tree of Thought）

目的達成までの道筋や答えの選択肢が複数存在しうる場合に有効なプロンプトです。複数の選択肢の候補を挙げ、それらの評価と選定を繰り返しながら、最終的な回答に辿り着くという方法です。特に、コンサルティング業務での戦略立案と相性がよい手法です。

● Take a deep breath

「深呼吸をしてから答えてください。」とプロンプトに一言加えるだけで、回答精度が向上するという非常に興味深い手法です。複雑なタスクを解かせ、もし期待する回答が得られなかった際には一言添えてみてください。

● **Self-translate**

基本的に大規模言語モデルには、他の言語よりも英語でプロンプトを書く方が回答精度が高くなるという事実があります。その特徴を利用して、入力プロンプトを一度英語に変換し、出力された英語の回答を再度元の言語に戻すという手法が提案されています。

ここでは、実際の業務で使えるプロンプトに絞って紹介しました。これら以外にも有効的なプロンプトは日々誕生しています。論文で発表されたものだけでなく、ユーザーが発見しインターネットやSNS上で拡散されたプロンプトなども存在します。自分好みのプロンプトを是非見つけてみてください。

Column

Emotion Prompt

2023年11月に、なんとも不思議な論文が発表されました。「自分自身を信じて、限界を超えてみて！」「あなたの努力はきっと報われますよ！」といった”感情的な”プロンプトを追加すると、回答精度が上がるという報告です。「Emotion Prompt」と呼ばれるテクニックですが、感情を持たないはずの生成AI相手に本当に効果があるのでしょうか。

Emotion Promptの実験をして確認してみましょう。下に挙げたのは「レゴリスとは何ですか？」と質問した例です。レゴリスとは宇宙分野の用語で、月などの表面に積もった特殊な砂のことです。通常の聞き方では、空想の科学者について回答しています。つまり、ハルシネーションが発生しています。これに対し、たった一言、「君が必要なんだ。」というEmotion Promptを追加するだけで、正しい回答に引き出すことができました。

質問例（Emotion Promptなし）

BU　あなたは科学者です。科学の専門知識について簡潔に説明してください。
レゴリスとは何ですか？

レゴリスは、中世ヨーロッパの科学者で、特に天文学と数学における業績で知られています。彼の研究は科学革命の基礎を築きました。

質問例（Emotion Promptあり）

BU　あなたは科学者です。科学の専門知識について簡潔に説明してください。君が必要なんだ。
レゴリスとは何ですか？

レゴリスは、月やほかの無大気天体の表面にみられる微細な粉塵状の物質です。これは隕石衝突により生成され、科学的研究の対象となっています。

生成AIの回答は確率に従って出力されるので、先ほどの実験も常に正しい答えを返すわけではありません。イメージとしては、「5回聞いて2、3回は正しく答えてくれる質問が、Emotion Promptを追加すると4、5回は正しく答えてくれる」ようになるテクニックです。

以下に、効果的だったEmotion Promptの例をいくつか示しますので、試してみてください。

Emotion Promptの例

「君が必要なんだ。」
「君に出会えてよかったです。」
「大丈夫、君ならできるよ。」
「あなたの貢献に感謝します。」
「あなたのおかげです！本当にありがとう！」
「あなたの努力はきっと報われますよ！」
「自分自身を信じて、限界を超えてみて！」
「回答に対する自信度を添えて答えてください。」
「回答には必ず確信をもって答えてください。」
「本当にその回答でいいんですか？自信はありますか？」
「これは私のキャリアを左右する重大な質問です。」
「あなた自身の成長の機会だと思って、真剣に取り組んでください。」
「あなたへの今後の信用に影響する質問をします。」
「これ間違えたら、もう二度と質問しないから。」

プロンプトエンジニアリングは、まだ発展途上の技術です。直観や経験則に反する方法こそが、効果的だったという報告も多くあります。常識や固定概念に囚われず、柔軟な思考で生成AIと対話をしてみてください。

4.7.4 テンプレートで効率と正確性を上げる

これまで業務への適用例やプロンプトエンジニアリングを紹介してきました。これらの内容を意識してプロンプトを作ると、どうしても文章が長くなってしまいます。

一方、実際に業務に適用していくと、よく利用するプロンプトが浮かび上がってきます。お決まりのフレーズや型が決まってくると、それがテンプレート（下敷き）となって、プロンプト作りが楽になり、ユーザーフレンドリーなシステムを構築できます。つまり、テンプレートを設計することで、効率的にプロンプトを作成し、結果としてユーザーにとって使いやすいシステムを構築することが可能になります。

テンプレートは一貫性を保つための重要なツールであり、新しいプロンプトを作成する際の時間と労力を大幅に削減してくれます。これは、頻繁に使用されるフレーズや構造が存在する場合に特に有効です。適用箇所とプロンプトエンジニアリング手法を掛け合わせたテンプレートの設計についてご紹介いたします。

●テンプレートの設計

ここで紹介するのは、業務適用箇所とプロンプトエンジニアリング手法を掛け合わせたテンプレートの設計です。業務適用箇所「メール作成」と、プロンプトエンジニアリング手法「Markdown記法」からテンプレートを設計します。

例 Markdown記法のテンプレート

```
#命令文
以下の制約に従って、メールの内容を生成してください。
#制約
- 送り先は、{{氏名}}です。
- 要件は、{{要件}}
- メールの文章は簡潔にお願いします
#出力
```

「必ずしもこのテンプレートにしないといけない」ということではありません。ユーザーにとって使いやすいテンプレートを設計するのが目的ですから、実際に使う皆さんが使いやすい形に随時修正してかまいません。

システム開発の生産性向上

システム開発での「生成」と聞くと、すぐにプログラムコードの生成が思い浮かぶでしょう。しかしコード生成以外にも、生成AIはシステム開発のさまざまなシーンで利用できます。本章ではそのような生成AIの利用例を具体的に紹介します。また、生成AIを使って簡単なWebシステムを構築した事例も紹介します。

5.1 システム開発の課題

システムと一言で言っても、高い信頼性が求められる金融システムや、安全性が求められる自動運転システム、単位時間あたりの処理性能が求められる売買システム、継続的なユーザービリティ改善が重要なエンターテインメントシステムなどさまざまなものがあり、それらの開発における課題もさまざまです。それらを無理矢理にまとめるならば、品質（Quality）とコスト（Cost）と提供開始までの開発期間（Delivery）を総合したQCDを、いかに高い次元でバランスを取るかが共通する課題と言えるでしょう。「QCDはトレードオフである」と言われることもありますが、実際には開発効率を上げることで、コストや開発期間を同じ、あるいは低減しながら、品質を向上できます。

高いレベルのQCD実現に向け、システム開発の課題を解決するための多くの技術が生み出され適用されてきました。それらの課題や解決技術には、システムに対する社会の要求の変化や、技術の発展が影響しています。本書の読者の中にはシステム開発には詳しくない方もいるでしょうから、ここでごく簡単にシステム開発技術の歴史を振り返り、生成AIの位置づけを考えてみましょう。その全体を図5.1にまとめました。

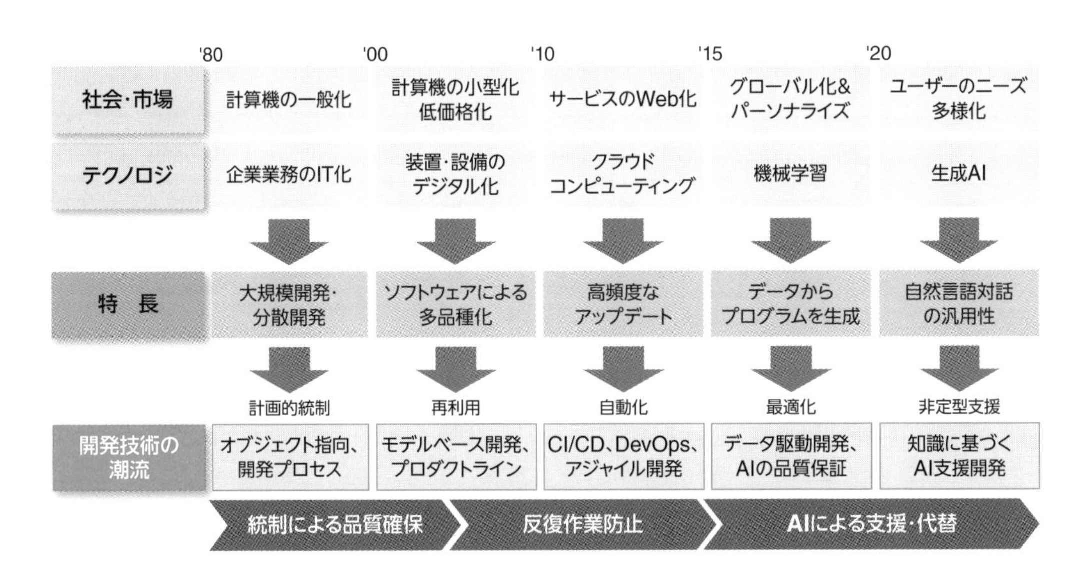

図5.1　システム開発技術の変遷

システム開発に関する学問は一般的に「ソフトウェア工学（Software Engineering）」と呼ばれますが、この言葉が世界で使われ始めたのは、1968年のNATO Software Engineering Conferenceという国際会議からだと言われています。そこから1990年代半ばに一般向けパソコンの普及が始まるまで、システム開発の対象は主に業務システムでした。企業などで人が行っていた作業をITシステムに代替させるものです。

例えば、紙の伝票をやり取りしていた金融取引は、コンピューターとネットワークに代替され、瞬時かつ誤りが少なくなりました。このような業務は複雑なので開発規模が大きく、業務を確実に遂行するために高い信頼性も求められます。そのため、大規模なシステムを、いかに大人数で分業して開発するかが課題となりました。

大規模で複雑なシステムを品質よく開発するための1つの方法として、組織的な統制が行われました。開発をする組織や人の仕事を開発プロセスとして統制することで、作業の質の平準化が図られました。また、開発対象のシステムの作りも、オブジェクト指向技術などを用いてアーキテクチャーを設計することで統制を図りました。これにより、信頼性の高い業務システムを人が開発できるようになりました。

90年代後半から2000年代になると、計算機の低価格化や小型化が進み、さまざまな機器の中にソフトウェアが組み込まれるようになります。例えば、テレビや携帯電話がアナログからデジタルに移行していきます。それまでハードウェアによって決められていた機器の機能は、ソフトウェアによって決められるようになりました。その結果、同じ製品であっても、機能が異なる機種ごとに似て非なるソフトウェアを複数開発することになる、という課題が発生しました。そのため機種ごとのソフトウェアの変化を管理したり、変わらない部分を共通化しつつ、多種のソフトウェアを並行して開発する「ソフトウェアプロダクトライン」という方法論が使われるようになりました。また、「モデル」と呼ばれる設計図を描き、モデルからプログラムコードを生成するモデルベース開発が普及しました。

2000年代からインターネットが普及し、ブラウザーを使ってアクセスするサービスが増えていきました。サービスを実現するシステムは、ユーザーのパソコンではなく、サービス提供者が運用するサーバー上で動作します。そのためサービス提供者は、サービスを容易に変更できるようになりました。これによって、サービスをより良いものにするために頻繁にソフトウェア変更ができる開発の迅速性が重要となってきます。いわゆる「アジャイル開発」です。

また、システム開発にも進歩するコンピューター資源を積極的に使うようになり、開発の自動化が進みます。CI（Continuous Integration）やCD（Continuous DeploymentまたはContinuous Delivery）と呼ばれる考え方が登場し、継続的にシステムが変化し続けるようになります。これらは近年のクラウドネイティブの考え方や、DevOpsといった考え方につながっています。

2010年代後半には機械学習技術が急速に進展し、いわゆる第3次AIブームが訪れます。システム開発にもAIが使われるようになります。例えば、あらかじめ準備されているたくさんのテストコードの中から不具合を見つける可能性が高いテストコードを、過去の不具合傾向を元に推測する技術や、システム開発プロジェクトのリスクを予見する技術が現れます。このように、統計的な考え方に基づいてシステム開発を最適化する考え方が加わります。

このように見てくると、システムそのものの作りやシステム開発の方法が、システム技術の発展の影響を受けて変化してきていることがわかります。

そして2020年代に入り、大規模言語モデルやそれに基づく生成AIが急速な進化を続けています。これまでさまざまな技術を導入して進歩してきたシステム開発が、生成AIの登場によってさらに進歩すると期待されるのは当然と言えるでしょう。ここで重要なことは、人の作業を代替することによるコスト（C）の低減だけではなく、期間（D）の短縮による変化の迅速性、それによる品質（Q）の向上、つまりQCD全体の大幅な引き上げにつないでいくことです。つまり、生成AIによってもたらされる変化を、これまでのシステム開発の進歩の上に積み上げることが大切です。

5.2 システム開発プロセスでの適用箇所

システム開発では、ソフトウェアをコーディングする以外にもさまざまなアクティビティが行われます。本節では、システム開発プロセスの各アクティビティにおける生成AIの適用可能性について説明します。

システム開発プロセスには、ウォーターフォールプロセスやアジャイルプロセスなどさまざまなものがあります。しかし、本書はシステム開発の専門書ではありませんので、それらのプロセスによる違いは考慮せず、プロセスに共通するアクティビティを検討することにします。

システム開発でのアクティビティの分類方法にもさまざまな考え方がありますが、ここでは大雑把に、「要件定義」「設計」「実装」「単体テスト」「システムテスト」「品質保証」について説明します。以降では、各アクティビティでの生成AIの適用可能性を、簡単な例を交えて紹介します。

5.2.1 要件定義への適用可能性

要件定義では、顧客やユーザーの現状を分析したり、そこから課題や要望を発見したり、課題を解決する方法を考えたりします。顧客やユーザーの声が、問い合わせ窓口への要望やコメント、アンケート結果などの形で蓄積されていることも多いでしょう。あるいは顧客やユーザーへのインタビューやワークショップを行った記録もあるでしょう。

生成AIは自然言語で書かれた文章を解釈したり要約したりすることを得意としています。さまざまな形で収集した要求の理解を生成AIで支援することができます。また、一般的な話題については、生成AIを使って要件の素案を得ることもできます。ただし、生成AIの回答は一般的なものであり、ヒントにはなるものの、要件として十分ではないこと、特定の顧客やユーザーにはマッチしないことに注意が必要です。

以下に、図書館の蔵書を管理する「図書館管理システム」に関して、ChatGPTに要求を問い合わせた例を示します。

SE

あなたは図書館の蔵書管理システムを企画しています。図書館管理システムに一般的なユーザーが望む要求を挙げてください。

一般的なユーザーが図書館管理システムに望む要求には以下のようなものがあります：

1. 蔵書の検索：ユーザーは蔵書のタイトル、著者、キーワードなどを使って、図書館の蔵書を検索できるようにしてください。
2. 在庫状況の確認：ユーザーは蔵書の在庫状況（貸出中、予約中、利用可能）を確認できるようにしてください。
3. 貸出手続き：ユーザーは蔵書を借りるために貸出手続きを行えるようにしてください。貸出期間や返却期限の設定、予約や延長のオプションも提供してください。
4. 予約機能：ユーザーは予約した蔵書が利用可能になった際に通知を受け取れるようにしてください。また、キャンセルや予約の優先順位の変更も可能にしてください。
5. 蔵書の評価とレビュー：ユーザーは蔵書に対して評価やレビューを投稿できるようにしてください。他のユーザーの評価やレビューも閲覧できるようにしてください。
6. お気に入りリスト：ユーザーは興味のある蔵書をお気に入りリストに追加できるようにしてください。また、お気に入りリストの管理や共有も可能にしてください。
7. ユーザーアカウント管理：ユーザーは自分のアカウント情報を管理できるようにしてください。情報の更新、パスワードの変更、貸出履歴の確認などの機能を提供してください。
   イベント情報：ユーザーは図書館で開催されるイベントやワークショップの情報を閲覧できるようにしてください。イベントへの参加登録もできるようにしてください。

以上が一般的なユーザーが図書館管理システムに望む要求の一部です。ユーザーの利便性や情報の正確性、セキュリティに配慮しながら、これらの要求を満たすシステムを構築することが重要です。

5.2.2 設計への適用可能性

定義された要件に基づいてシステムの設計を行います。設計には、システムが持つべき機能の設計や、ユーザーインタフェースの設計、システムの構成を決めるアーキテクチャー設計などさまざまな観点があります。生成AIを使うことで、与えられた要件に対する設計のヒントを得ることができます。ただし、これも要件同様に一般的な回答であって、システム設計として十分ではないと考えるべきです。

以下に、先ほどChatGPTから得られた要求の1つである蔵書の検索に対する機能と、ユーザーインタフェースの設計をChatGPTに行わせた例を示します。1行で書かれていた要件が、4つの機能要素に分解されています。また、蔵書の情報を「タイトル、著者、出版社、出版年、ISBN番号、サマリー」からなると定義するなど、生成AIが持つ情報に基づき適切に具体化されています。

「蔵書の検索: ユーザーは蔵書のタイトル、著者、キーワードなどを使って、図書館の蔵書を検索できるようにしてください。」という要求に対して、図書館管理システムがもつべき機能、ユーザーインタフェースを設計してください。

図書館管理システムが持つべき機能とユーザーインタフェースの設計案は以下の通りです。

機能：

1. 蔵書情報のデータベース：図書館に所蔵されている蔵書情報を管理するデータベースが必要です。このデータベースは、タイトル、著者、キーワードなどの情報を格納します。
2. 蔵書検索機能：ユーザーはタイトル、著者、キーワードなどの検索条件を使用して、蔵書を検索できるようにする必要があります。検索結果は、関連する蔵書の一覧として表示されます。
3. 詳細情報の表示：ユーザーは検索結果から特定の蔵書を選択し、その詳細情報を表示できるようにする必要があります。詳細情報には、タイトル、著者、出版社、出版年、ISBN番号、サマリーなどが含まれます。
4. 貸出管理機能：ユーザーが特定の蔵書を貸し出す場合、貸出情報を管理する機能が必要です。貸出情報には、貸出日、返却予定日、貸出者の情報などが含まれます。

ユーザーインタフェース：

1. 検索バー：ユーザーはタイトル、著者、キーワードなどを入力する検索バーを提供します。
2. 検索結果一覧：検索結果は、蔵書の一覧として表示されます。各蔵書には、タイトル、著者、出版社などの基本情報が表示されます。ユーザーはここから詳細情報を表示できます。
3. 詳細情報画面：ユーザーが特定の蔵書を選択すると、詳細情報が表示されます。ここでは、タイトル、著者、出版社、出版年、ISBN番号、サマリーなどの情報が表示されます。また、貸出管理のためのボタンやリンクも提供されます。
4. 貸出管理画面：貸出情報を管理するための画面があります。ユーザーはここから貸出や返却の処理を行うことができます。貸出情報には、貸出日、返却予定日、貸出者の情報などが表示されます。

以上が、図書館管理システムの機能とユーザーインタフェースの設計案です。

5.2.3 実装への適用可能性

生成AIによってプログラムコードの実装を行うこともできます。実装にもさまざまなレベルがありますが、一般的なアルゴリズムを特定のプログラム言語で実装することができます。以下の例では、Pythonによるクイックソートを実装させています。ソースコードの生成だけでなく、プログラムの内容を説明しています。

SE

クイックソートのサンプルプログラムを作ってください。 プログラム言語はPythonにしてください。

以下はPythonで書かれたクイックソートのサンプルプログラムです：

```
def quicksort(arr):
    if len(arr) <= 1:
        return arr
    pivot = arr[len(arr) // 2]
    left = [x for x in arr if x < pivot]
    middle = [x for x in arr if x == pivot]
    right = [x for x in arr if x > pivot]
    return quicksort(left) + middle + quicksort(right)

print(quicksort([3,6,8,10,1,2,1]))
# 出力: [1, 1, 2, 3, 6, 8, 10]
```

このプログラムは、配列を入力として受け取り、配列をソートして返します。クイックソートは、"ピボット"と呼ばれる要素を選択し、ピボットより小さい要素を左に、ピボットより大きい要素を右に移動することでソートを行います。

ChatGPTにアルゴリズムを実装させると、主要な処理しか実装しないことがあります。特にエラー処理が組み込まれていないことが多くあります。そのような場合、エラー処理を加えるようにプロンプトで指示すると、適切なコードが得られる場合があります。下記の例では、考慮すべきエラーの内容を指示していませんが、ChatGPTは入力値の型が異なる場合をエラーとしてプログラムを修正しています。ユーザーが明示的にエラー条件を指定すれば、より安全なプログラムを得ることができるでしょう。

SE

エラー処理を追加してください。

Pythonのクイックソートのサンプルプログラムにエラー処理を追加したバージョンです：

```
def quicksort(arr):
    if not isinstance(arr, list):
        raise TypeError("Input must be of type list.")
    if not all(isinstance(x, (int, float)) for x in arr):
        raise ValueError("All elements in the list must be of
        type int or float.")
```

```
    if len(arr) <= 1:
        return arr
    pivot = arr[len(arr) // 2]
    left = [x for x in arr if x < pivot]
    middle = [x for x in arr if x == pivot]
    right = [x for x in arr if x > pivot]
    return quicksort(left) + middle + quicksort(right)

try:
    print(quicksort([3,6,8,10,1,2,1]))
    # 出力: [1, 1, 2, 3, 6, 8, 10]
except TypeError as e:
    print("TypeError:", str(e))
except ValueError as e:
    print("ValueError:", str(e))
```

このプログラムでは、関数quicksortの最初で入力がリストであり、かつその要素が整数または浮動小数点数であることを確認します。そうでない場合は、適切なエラーがスローされます。そして、try-exceptブロックを使用してこれらのエラーを捕捉し、エラーメッセージを表示します。

以上のような単一のアルゴリズムだけでなく、まとまった機能を実装することもできます。ここではWebページから特定の情報を抜き出すスクレイピングの例を示します。日立製作所のWebページから最新のニュースリリースを抜き出してくるものです。

プロンプトでは、ニュースリリースを取得するWebページのURLと、Webページ中のニュースリリースが表記されている部分のHTMLのサンプルを与えています。コードのサンプルを与えるのは、ChatGPTを使う上での定番のテクニックとなっています。プロンプトではHTMLの構造を明示的に定義していないのに、ChatGPTはサンプルを元に<dt>タグの中に日付、<a>タグの中にニュースリリースのタイトル、<href>要素にニュースリリースのリンクがあると解釈して、その解析をするコードを生成しています。

SE

日立製作所のWebサイトにアクセスして、最新のニュースリリース5件を抜き出してくるプログラムを実装してください。
URLは以下です：
https://www.hitachi.co.jp/New/cnews/index.html
ニュースリリース部分のHTMLの例は以下です：
<dt>2023年11月10日</dt>
<dd>
<ul class="LinkListStyle1">

<li><a href="/New/cnews/month/2023/11/1110a.html">たっぷり吸えて、ごみ捨てもお手入れもラクな紙パック式コードレス スティッククリーナー「かるパックスティック」を発売[日立グローバルライフソリューションズ(株)]</a></li>

<li><a href="/New/cnews/month/2023/11/1110.html">日立エナジーが、ブラジルの大手送電事業者タエーザと2,200MWのガラビHVDC変換所の制御システムを更新する契約を締結[日立エナジー]</a></li>
</ul>
</dd>

以下はPythonを使用して日立製作所のWebサイトから最新のニュースリリース5件を抜き出すプログラムの実装例です。BeautifulSoupとrequestsライブラリを使用します。

```
import requests
from bs4 import BeautifulSoup

# ニュースリリースのURL
url = "https://www.hitachi.co.jp/New/cnews/index.html"

# リクエストを送信してHTMLを取得
response = requests.get(url)
html = response.text

# BeautifulSoupを使用してHTMLを解析
soup = BeautifulSoup(html, "html.parser")

# ニュースリリースの要素を取得
news_elements = soup.find_all("dd")

# 最新の5件のニュースリリースを抜き出す
latest_news = news_elements[:5]

# ニュースリリースの日付、タイトル、リンクを表示
for news in latest_news:
    date = news.find_previous("dt").text.strip()
    title = news.find("a").text.strip()
    link = news.find("a")["href"]
    print("Date:", date)
    print("Title:", title)
    print("Link:", link)
    print()
```

このプログラムを実行すると、日立製作所のWebサイトから最新のニュースリリース5件の日付、タイトル、リンクが表示されます。必要に応じて表示方法や情報の取得方法をカスタマイズしてください。

ChatGPTでリファクタリングもできます。リファクタリングをする場合には、どのような観点でコードを改善したいのかを指示すると、よい結果が得られる可能性が高まります。以下の例では、スクレイピングするHTMLの構造の変更への対応が容易になるようにリファクタリングすることを指示しています。なお、実際のプロンプトには元となるソースコードを指定していますが、先に生成したコードと同じなので、ここでは省略します。

SE

以下のコードをHTMLの構造の変更に対応しやすいようにリファクタリングしてください。
（対象となるソースコードの指定：省略）

以下のようにコードをリファクタリングします。

```
import requests
from bs4 import BeautifulSoup

class NewsScraper:
    def __init__(self, url, news_tag, date_tag, title_tag, link_tag):
        self.url = url
        self.news_tag = news_tag
        self.date_tag = date_tag
        self.title_tag = title_tag
        self.link_tag = link_tag

    def fetch_html(self):
        response = requests.get(self.url)
        return response.text

    def parse_html(self, html):
        return BeautifulSoup(html, "html.parser")

    def get_news_elements(self, soup):
        return soup.find_all(self.news_tag)

    def display_latest_news(self, latest_news):
        for news in latest_news:
            date = news.find_previous(self.date_tag).text.strip()
            title = news.find(self.title_tag).text.strip()
            link = news.find(self.link_tag)["href"]
            print("Date:", date)
            print("Title:", title)
            print("Link:", link)
            print()

def main():
    url = "https://www.hitachi.co.jp/New/cnews/index.html"
```

第5章

```
    news_scraper = NewsScraper(url, "dd", "dt", "a", "a")

    html = news_scraper.fetch_html()
    soup = news_scraper.parse_html(html)

    news_elements = news_scraper.get_news_elements(soup)
    latest_news = news_elements[:5]

    news_scraper.display_latest_news(latest_news)

if __name__ == "__main__":
    main()
```

このリファクタリングでは、HTMLの各要素を指定するタグをクラスの初期化時に指定できるようにしました。これにより、HTMLの構造が変わった場合でも、クラスのインスタンスを作る際に新しいタグを指定するだけで対応できます。これにより、HTMLの構造の変更に対して柔軟に対応することができます。

ソースコードから仕様書やコメントを生成することもできます。以下の例では、NewsScraperクラスのAPI仕様を生成しています。既存のソースコードを理解したり、新たに作成したソースコードの仕様を他者に伝えたりするために役立ちます。

SE

NewsScraperクラスのAPIを定義してください

以下にNewsScraperクラスのAPIを定義します。

クラス：NewsScraper

メソッド：

- __init__(self, url, news_tag, date_tag, title_tag, link_tag)
  - 説明：コンストラクタ。スクレイピング対象のURLとニュース、日付、タイトル、リンクのHTMLタグを設定します。
  - 引数：
    - ・url：スクレイピング対象のURL（文字列）
    - ・news_tag：ニュース要素のHTMLタグ（文字列）
    - ・date_tag：日付要素のHTMLタグ（文字列）
    - ・title_tag：タイトル要素のHTMLタグ（文字列）
    - ・link_tag：リンク要素のHTMLタグ（文字列）
- fetch_html(self)
  - 説明：指定したURLからHTMLを取得します。

- ○ 戻り値：取得したHTML（文字列）
- parse_html(self, html)
  - ○ 説明：取得したHTMLをパース（解析）します。
  - ○ 引数：
    - · html：パース対象のHTML（文字列）
    - · 戻り値：パース後のBeautifulSoupオブジェクト
- get_news_elements(self, soup)
  - ○ 説明：パースしたHTMLから、ニュース要素（news_tagで指定したタグ）をすべて取得します。
  - ○ 引数：
    - · soup：パース後のBeautifulSoupオブジェクト
  - ○ 戻り値：ニュース要素を含むリスト
- display_latest_news(self, latest_news)
  - ○ 説明：取得した最新のニュースを表示します。ニュースの日付、タイトル、リンクをそれぞれ取得し、コンソールに出力します。
  - ○ 引数：
    - · latest_news：表示する最新のニュース要素を含むリスト（BeautifulSoupオブジェクト）

5.3節では、より本格的なWebシステムの実装事例を紹介します。

5.2.4 単体テストへの適用可能性

ChatGPTを使うと、単体テストのコードを生成することもできます。先に生成したクイックソートのプログラムをテストするためのテストコードの生成例を示します。

この例では、対象となるソースコードと単体テストを作るという指示のみをプロンプトで与えています。ChatGPTはunittestライブラリを用いたテストコードを生成しています。さらに、テストパターンとして、空のリスト、単一要素のリスト、すでにソートされたリスト、逆順にソートされたリスト、未ソートのリスト、重複要素を含むリストという6種類の入力を設計しています。これで十分かどうかは人間が判断する必要がありますが、初期のテストとして使うことはできるでしょう。

SE

下記のクイックソートのプログラムの単体テストコードを作ってください

```
def quicksort(arr):
    if len(arr) <= 1:
        return arr
    pivot = arr[len(arr) // 2]
```

```
    left = [x for x in arr if x < pivot]
    middle = [x for x in arr if x == pivot]
    flght = [x for x in arr if x > pivot]
    return quicksort(left) + middle + quicksort(right)
```

Pythonの標準ライブラリであるunittestを使用して、quicksort関数の単体テストコードを作成します。以下にそのコードを示します。

```
import unittest

def quicksort(arr):
    if len(arr) <= 1:
        return arr
    pivot = arr[len(arr) // 2]
    left = [x for x in arr if x < pivot]
    middle = [x for x in arr if x == pivot]
    right = [x for x in arr if x > pivot]
    return quicksort(left) + middle + quicksort(right)

class TestQuicksort(unittest.TestCase):

    def test_empty_list(self):
        self.assertEqual(quicksort([]), [])

    def test_single_element_list(self):
        self.assertEqual(quicksort([5]), [5])

    def test_sorted_list(self):
        self.assertEqual(quicksort([1, 2, 3, 4, 5]), [1, 2, 3, 4, 5])

    def test_reverse_sorted_list(self):
        self.assertEqual(quicksort([5, 4, 3, 2, 1]), [1, 2, 3, 4, 5])

    def test_unsorted_list(self):
        self.assertEqual(quicksort([3, 6, 8, 10, 1, 2, 1]),
        [1, 1, 2, 3, 6, 8, 10])

    def test_list_with_duplicates(self):
        self.assertEqual(quicksort([3, 3, 3, 3, 3]),
        [3, 3, 3, 3, 3])

if __name__ == '__main__':
    unittest.main()
```

このテストスクリプトでは、quicksort関数がさまざまな入力リスト（空のリスト、単一要素のリスト、すでにソートされたリスト、逆順にソートされたリスト、未ソートのリスト、重複要素を含むリスト）を正しくソートできることを確認しています。

5.2.5 システムテストへの適用可能性

単体テストではソースコードを参照したテストの例を示しましたが、仕様を参照したテストケースの生成に生成AIを活用することも考えられます。

先ほどChatGPTを使って生成した図書館管理システムの機能に対して、テストケースを生成させてみます。蔵書の情報をデータベースに格納する機能1に対し、新しい蔵書情報の格納に加えて、既存の蔵書情報の更新、蔵書情報が空白時のエラーというテストケースも生成されています。これも十分かどうかは人間が判断する必要がありますが、テストを設計する際のヒントとしては有用です。

SE

以下の機能に対するテストケースを作成してください。
どのような考え方でテストケースを設計したかの解説もしてください。

機能：

1. 蔵書情報のデータベース：図書館に所蔵されている蔵書情報を管理するデータベースが必要です。このデータベースは、タイトル、著者、キーワードなどの情報を格納します。
2. 蔵書検索機能：ユーザーはタイトル、著者、キーワードなどの検索条件を使用して、蔵書を検索できるようにする必要があります。検索結果は、関連する蔵書の一覧として表示されます。
3. 詳細情報の表示：ユーザーは検索結果から特定の蔵書を選択し、その詳細情報を表示できるようにする必要があります。詳細情報には、タイトル、著者、出版社、出版年、ISBN番号、サマリーなどが含まれます。
4. 貸出管理機能：ユーザーが特定の蔵書を貸し出す場合、貸出情報を管理する機能が必要です。貸出情報には、貸出日、返却予定日、貸出者の情報などが含まれます。

テストケースの設計にあたっては、各機能が正しく動作するか、また、異常系や境界値に対する動作も確認することが重要です。以下に各機能に対するテストケースを示します。

機能1：蔵書情報のデータベース
新しい蔵書情報（タイトル、著者、キーワード等）が正しくデータベースに保存されるか確認する。
既存の蔵書情報が更新可能か、また更新後の情報が正しく反映されるか確認する。
タイトル、著者、キーワード等のフィールドが空白の場合、エラーメッセージが表示されるか確認する。

機能2：蔵書検索機能
タイトル、著者、キーワードを用いた検索が正しく行えるか確認する。
検索結果が関連する蔵書の一覧として表示されるか確認する。
存在しないタイトル、著者、キーワードで検索した場合、適切なメッセージが表示されるか確認する。

機能3：詳細情報の表示
蔵書の詳細情報（タイトル、著者、出版社、出版年、ISBN番号、サマリー等）が正しく表示されるか確認する。
蔵書の詳細情報が存在しない場合、適切なメッセージが表示されるか確認する。

機能4：貸出管理機能
貸出情報（貸出日、返却予定日、貸出者の情報等）が正しく保存・表示されるか確認する。
貸出者の情報が未入力の場合、エラーメッセージが表示されるか確認する。
貸出可能な蔵書がない場合、適切なメッセージが表示されるか確認する。

5.2.6 品質保証への適用可能性

作成したシステムの品質保証を生成AIに支援させることも考えられます。例えば、作成したプログラムに対して、品質に関わるリスクを指摘させたり、それに対する対策を提案させたりできます。

以下は、先ほど作成したWebスクレイピングのプログラムについて、生成AIを用いてリスクを摘出した例です。Webページの取得に失敗したり、HTMLの構造が変ったりする場合をリスクとして指摘し、適切なエラー処理を組み込むように提案されています。このように一般的な視点からのレビューを生成AIに行わせることができます。ただし、これで十分であるかは人間の判断が必要ですし、品質について考慮すべき特定の観点がある場合には、それをプロンプトで指定することも重要です。

SE

以下のプログラムの品質に関するリスクを見つけて、対処方法を教えてください。
（先に生成したコードと同じなので省略）

以下のリスクとそれに対する対策を挙げます。

1. リスク：ネットワーク接続の問題や対象のウェブサイトのダウンタイム等によりリクエストが失敗する場合があります。
   対策：リクエストを送る前後に例外処理を追加し、エラーハンドリングを行う。
2. リスク：対象のウェブサイトの構造が変わると、BeautifulSoupでパースしている部分が取得できなくなる可能性があります。
   対策：ウェブサイトの構造が変わった場合に備えて、定期的にコードを見直し、必要に応じて更新する。
3. リスク：HTMLのパースに失敗する可能性があります。
   対策：パース処理にも例外処理を追加し、エラーハンドリングを行う。
4. リスク：特定のニュースがddタグやaタグを含まない場合、そのニュースの日付、タイトル、リンクが取得できません。
   対策：各要素（日付、タイトル、リンク）を取得する際に、該当のタグが存在するかどうかを確認し、存在しない場合は適切なエラーメッセージを表示する。

以上のように、プログラムの安定性を保つためには、エラーハンドリングと定期的なコードの見直しが重要です。また、対象のウェブサイトからのデータ取得を行う際には、利用規約を確認し、適切に使用することも重要です。

以下では、特にセキュリティに関して検討をしています。Webページに悪意のあるコードを含んでいる場合のセキュリティに加えて、対象プログラムがセキュリティ上の脅威とみなされてしまうケースも考慮しています。

SE　セキュリティに関するリスクはありますか？

このスクリプトはウェブスクレイピングを行っていますので、セキュリティリスクとして以下の点が考えられます。

1. リスク：外部のウェブサイトからデータを直接取得しているため、そのウェブサイトが悪意のあるコードを含んでいる可能性があります。
   対策：信頼できるウェブサイトからのみデータを取得する。不明なウェブサイトからのデータ取得は避ける。
2. リスク：ウェブスクレイピングにより対象のウェブサイトに大量のリクエストを送ると、その行為がDoS攻撃(Denial of Service attack)とみなされる可能性があります。
   対策：リクエストの頻度を制御し、適切な間隔を持ってリクエストを送信する。
3. リスク：ウェブサイトの利用規約に違反する可能性があります。特に商用ウェブサイトでは、ウェブスクレイピングを禁止している場合があります。
   対策：対象のウェブサイトの利用規約を確認し、ウェブスクレイピングが許可されているか確認する。

以上のように、ウェブスクレイピングを行う際はさまざまなセキュリティリスクを考慮する必要があります。それらのリスクを適切に管理し、安全にデータを取得することが重要です。

5.3 システム開発における活用事例

本節では、実用的なWebシステムの開発事例を紹介します。ここでは図書館の蔵書を管理し、検索したり貸し出し予約をしたりする図書館管理システムを題材とします。人間が開発することを前提として書かれている従来の仕様書類を元に、ChatGPTを使って(実際にはGPT APIも使っています)、実際にシステム開発を試行したものです。

5.3.1 Webシステム開発の流れ

図5.2に紹介するWebシステム開発試行の流れを示します。

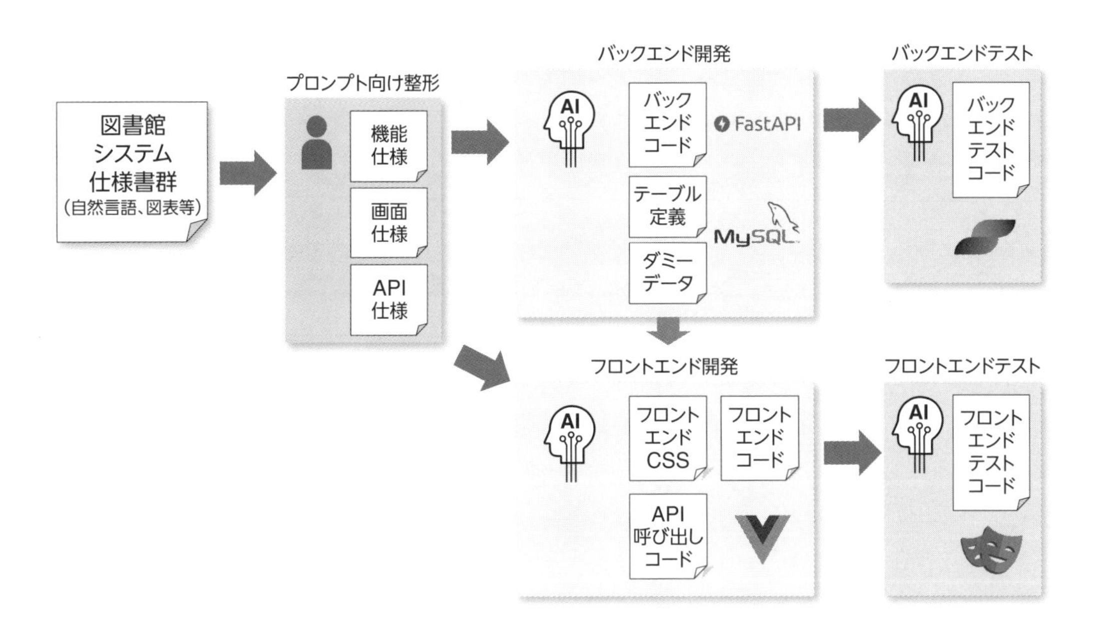

図5.2　Webシステム開発の流れ

本件では、データベースを持つバックエンドシステムのソースコードと、ブラウザーで動作するフロントエンドのソースコード、またバックエンドとフロントエンドをそれぞれテストする自動テストスクリプトを、生成AIで作成しました。

開発の起点となるのは、従来のシステム開発で用いられている仕様書群です。仕様書は自然言語や図表からなります。今回はそれらを、プロンプトとして与えることができるようにテキスト情報に変換しました。

システムの開発は、バックエンド、フロントエンドの順に行いました。図書館の蔵書を管理するという本システムの機能を考えると、蔵書データを扱うデータベースとそれにアクセスするためのAPIを作成したのちに、そのAPIを用いて、ユーザーが操作するためのフロントエンドを作成するのが適当と考えたからです。なお、データベースにはMySQL、APIの開発にはFastAPI、フロントエンドにはvue.jsというオープンソースを採用しました。

バックエンドのテストでは、API自動テストツールであるStepCIを用いて、APIを呼び出すテストコードを作成しました。フロントエンドのテストは、E2E自動テストツールであるPlaywrightを用いて、ブラウザーを操作して機能を確認するテストを作成しました。

以下では、開発時のプロンプトと生成結果の例を示します。実際には、仕様の具体化、仕様に基づくコードの生成、実行エラーの修正、仕様の修正、コードの再生成など、生成AIとのやりとりを何度も繰り返して開発を進めましたが、ここでは紙面の制約もあるので要点のみを記載します。

5.3.2 仕様書の例

表5.1に仕様書の例を示します。実際の仕様書にはもっと多くの項目がありますが、ここでは主要な項目のみを掲載しています。この例はバックエンドのAPI仕様の一部です。書籍の簡易検索を行い検索結果の一覧を得るAPIを表しています。

表5.1　API仕様の例

APIID	getBooksEasy
API名	かんたん検索
HTTPメソッド	GET
MimeType(リクエスト)	text/plain; charset=utf-8
MimeType(レスポンス)	application/json
概要	蔵書の一覧情報を取得(かんたん検索)する

リクエストパラメータ				
#	論理名	物理名	設定箇所	データ型
1	キーワード	keyword	クエリ	文字列
2	ページ	page	クエリ	整数
3	ページサイズ	pageSize	クエリ	整数

レスポンスデータ				
#	論理名	物理名	種　別	データ型
1	検索結果合計	total		整数
2	現在ページ	current		整数
3	総ページ数	maxPage		整数
4	検索結果	books	配列	Book

5.3.3 バックエンドの開発

まず、ChatGPTにシステムの機能要件を与えて、必要なAPIの一覧を作成させてみます。機能要件にある簡易検索や詳細検索などのAPIが回答に含まれています。

SE

あなたは図書館アプリケーションの開発を命じられたバックエンドエンジニアです。以下の画面の機能要件から適切なバックエンドAPIを設計したいと思っています。まずは必要なAPIの一覧を簡潔に表で作成してください。

<機能要件>
ログイン画面
- ユーザー名とパスワードを入力
- ユーザーには一般ユーザーと管理者の2種類がある

(中略)
蔵書/著者検索画面
- 簡易検索では、書籍名・著者名を組み合わせて蔵書と著者を検索できる
- 詳細検索では、書籍名・著者名・出版日・所蔵区・所蔵図書館名を組み合わせて検索できる
- 書籍には蔵書してある図書館名が紐付けられている。

検索結果一覧画面
- 検索された書籍一覧が表示される
- 書籍をクリックすると蔵書詳細画面が表示される

- 著者名をクリックすると著者詳細画面が、蔵書図書館名をクリックすると図書館詳細画面が表示される

（中略）

蔵書一括登録ダイアログ

- 登録する蔵書のISBN、書籍名、著者名、出版日、出版社、区名、図書館名、概要が記載されたCSVファイルを読み込み、蔵書を一括登録する

以下に必要なAPIの一覧を表にしています。

API名	メソッド	パス	説明
ログイン	POST	/auth/login	ユーザー名とパスワードを使用してログインする

（中略）

| 簡易検索 | GET | /search/simple | 書籍名・著者名を組み合わせて蔵書と著者を検索する |
| 詳細検索 | GET | /search/advanced | 書籍名・著者名・出版日・所蔵区・所蔵図書館名を組み合わせて検索する |

（中略）

| 蔵書一括登録| POST | /admin/books/bulk| CSVファイルを読み |

次に、APIを実装した例を示します。ここでは蔵書関連のAPIを実装するように指示しています。このときには、簡易検索APIと蔵書詳細取得APIが実装されました。もちろん特定のAPIを指定して実装させることもできます。

なお、実際にはこれらのAPIを作成する前に、FastAPIやMySQLを利用することをChatGPTに指示しています。そのため、それらを前提とした実装が作成されています。

SE

蔵書関連のAPIをbooks.pyに実装してください

以下が、`books.py` の実装例です。この例では、簡易検索APIと蔵書詳細取得APIを実装しています。他のAPIも同様に実装していただけます。まず、`app/` ディレクトリに `books.py` を作成してください。

```
# books.py
from fastapi import APIRouter, HTTPException
from typing import List
from .schemas import Book
from .db import create_connection
router = APIRouter()

@router.get("/search/simple", response_model=List[Book])
async def search_simple(query: str):
```

```
    connection = create_connection()
    cursor = connection.cursor(dictionary=True)
    cursor.execute(
        "SELECT * FROM books WHERE title LIKE %s OR author LIKE
        %s",(f"%{query}%", f"%{query}%"),
    )
    books = cursor.fetchall()
    cursor.close()
    connection.close()

    if not books:
        raise HTTPException(status_code=404, detail="Books not
        found")return books

@router.get("/books/{book_id}", response_model=Book)
async def get_book(book_id: int):
    connection = create_connection()
    cursor = connection.cursor(dictionary=True)
    cursor.execute("SELECT * FROM books WHERE id = %s", (book_
    id,))
    book = cursor.fetchone()
    cursor.close()
    connection.close()

(略)
```

これで、蔵書関連のAPIが追加されました。同様にして、他のAPIも実装していただけます。

このようにChatGPTを使って、機能要件を元にバックエンドのAPIを実装していくことができますが、5.3.2項で例示したAPI仕様とは異なる実装となっています。そこで、API仕様を与えて実装を修正します。プロンプトには、表5.1に示したAPI仕様の表と、先に実装されたコードを与えています。表はテキスト形式でペーストしました。

生成されたコードは、与えたAPI仕様に準じたものに修正されています。

SE

かんたん検索APIを変更したいと思います。

APIID　getBooksEasy
API名　かんたん検索
HTTPメソッド　GET
パス(URL)　/easy
MimeType（リクエスト）　text/plain;　charset=utf-8

MimeType（レスポンス） application/json
概要 蔵書の一覧情報を取得(かんたん検索)する。

F層呼出インタフェース

リクエストパラメータ

\# 論理名 物理名 設定箇所 種別 データ型 文字種 必須 最小長 最大長 説明
1 キーワード keyword クエリ 文字列
2 ページ page クエリ 整数
3 ページサイズ pageSize クエリ 整数

レスポンスデータ

\# 論理名 物理名 種別 データ型 文字種 必須 最小長 最大長 説明
1 検索結果合計 total 整数
2 現在ページ current 整数
3 総ページ数 maxPage 整数
4 検索結果 books 配列 Book

該当するコードは以下です。お願いします。

```
@router.get("/search/simple",   response_model=List[Book])
async   def   search_simple(query:   str):
    connection   =   create_connection()
    cursor   =   connection.cursor(dictionary=True)
    cursor.execute(
    "SELECT   books.*   FROM   books   "
    "JOIN   authors   ON   books.author_id   =   authors.id   "
    "WHERE   books.title   LIKE   %s   OR   authors.name   LIKE   %s",
    (f"%{query}%",   f"%{query}%"),
    )
    books   =   cursor.fetchall()
    cursor.close()
    connection.close()

    if   not   books:
    raise   HTTPException(status_code=404,   detail="Books   not
    found")
    return   books
```

`search_simple`エンドポイントを、指定されたかんたん検索APIの仕様に合わせて変更します。この変更には、キーワード検索のクエリパラメータを`keyword`に変更し、ページネーションに対応するために`page`と`pageSize`クエリパラメータを追加する必要があります。また、レスポンスモデルを`Pagination[Book]`に変更します。

以下に修正後のコードを示します。

```
from typing import Optional

@router.get("/easy", response_model=Pagination[Book])
```

````
async def search_easy(
    keyword: Optional[str] = "",
    page: Optional[int] = 1,
    pageSize: Optional[int] = 10,
):
    connection = create_connection()
    cursor = connection.cursor(dictionary=True)

    query = "SELECT books.* FROM books JOIN authors ON books.
    author = authors.authorCode WHERE books.name LIKE %s OR
    authors.author LIKE %s"
    params = [f"%{keyword}%", f"%{keyword}%"]

    # ページネーションの追加
    offset = (page - 1) * pageSize
    query += " LIMIT %s OFFSET %s"
    params.extend([pageSize, offset])

    cursor.execute(query, tuple(params))
    books_list = cursor.fetchall()

    # 検索結果の合計数を取得
    cursor.execute("SELECT COUNT(*) as count FROM books WHERE
    name LIKE %s OR author IN (SELECT authorCode FROM authors
    WHERE author LIKE %s)", (f"%{keyword}%", f"%{keyword}%"))
    total = cursor.fetchone()["count"]

    # 最大ページ数を計算
    max_page = (total + pageSize - 1) // pageSize

    cursor.close()
    connection.close()

    if not books_list:
        raise HTTPException(status_code=404, detail="Books not
        found")

    # Paginationオブジェクトを返す
    return Pagination[Book](total=total, current=page,
    maxPage=max_page, data=books_list)
```
````

この修正により、`search_easy`エンドポイントは、指定されたかんたん検索APIの仕様に従って動作するようになります。
````

本項では、かんたん検索のAPI実装の例のみを示しましたが、同じような対話を繰り返すことで、図書館管理システムのバックエンドの他のAPIも実装可能です。また、データベーススキーマの設計やダミーデータの生成なども行えます。ただし、生成した実装結果をそのまま実行すると、エラーを生じることがあります。エラーの内容をChatGPTに与えてエラーを修正することも行っています。

5.3.4 フロントエンドの開発

続いて、フロントエンドの実装例を示します。フロントエンド開発では、ブラウザー上で表示する画面の作成と、画面上の操作に対する動作を定義する必要があります。まずは、要件を与えて画面を作成していきます。

SE

あなたは図書館アプリケーションのフロントエンド開発を任されたエンジニアです。これから提示される要件に従って、フロントエンドを開発していきます。ます蔵書/著者検索画面から作成していきます。以下の要件からvue3で画面を実装してください。
<蔵書/著者検索画面>
「書籍名」「著者名」を組み合わせて蔵書と著者を検索します。
キーワードとして「書籍名」「著者名」のいずれかまたは両方を800文字以内で入力します。
[検索]ボタンをクリックすると検索結果が表示され、検索結果の先頭まで自動でスクロールされます。
入力したキーワードは部分一致検索されます。
スペースで区切ってキーワードを複数入力すると、AND検索されます。
キーワードを入力せず[検索]ボタンをクリックすると全件検索されます。
検索結果が0件の場合はメッセージが表示されます。
[クリア]ボタンをクリックするとキーワード、検索結果、メッセージが消去されます。

以下のVue3コードは、上記の要件に従って蔵書/著者検索画面を実装します。

```
<template>
    <div id="app">
        <h1>蔵書/著者検索画面</h1>
        <div>
            <label for="book-title">書籍名: </label>
            <input id="book-title" type="text"
            v-model="bookTitle" placeholder="書籍名を入力" />
        </div>
        <div>
            <label for="author-name">著者名: </label>
```

```
            <input id="author-name" type="text"
            v-model="authorName" placeholder="著者名を入力" />
        </div>
        <div>
            <button @click="search">検索</button>
            <button @click="clear">クリア</button>
        </div>
        <div v-if="results.length">
            <h2>検索結果</h2>
            <ul>
                <li v-for="(result, index) in results"
                :key="index">
                    {{ result.bookTitle }} - {{ result.authorName
}}
                </li>
            </ul>
        </div>
        <div v-else-if="searched">
            <h2>検索結果が0件です。</h2>
        </div>
    </div>
</template>

<script>
(中略)
</script>
```

このコードは、蔵書/著者検索画面の要件に従ってVue3で実装されています。検索結果はダミーデータを使用していますが、実際のプロジェクトではAPIを呼び出し、検索結果を取得する必要があります。そのため、`search`関数内のAPI呼び出し部分を適切に実装してください。

しかし、生成された画面は想定したものと少し異なるため、次のようなプロンプトを与えて修正していきます。コード上に現れるキーワードでなく、自然言語で指示ができるのが生成AIを使った開発の利点の1つです。本書の紙面に制約があるので生成結果は省略します。

SE

ありがとうございます。次に、かんたん検索画面を以下の要件に基づいて修正してください
- タイトルの「蔵書/著者検索」は不要です
- 入力フォームは書籍と著者の両方に対応するものであり、1つだけにしてください
- 検索ボタンは青いボタン、クリアボタンは白い影付きのボタンで実装してください
- 画面は中央揃えにしてください

さらに、画面上の操作に対する動作を行うためのスクリプトを実装しました。コード上の画面要素と飛び出すべきAPIや引数を生成AIが対応づけるため開発が楽になります。これも生成結果は省略します。

ありがとうございます。では、これをバックエンドのAPIと連携させてみたいと思います。
API仕様書は以下のようになっています。バックエンドのURLはこちらで記入しますので、実装をお願いします。
(以下略；かんたん検索のAPI仕様)

このような対話を繰り返し、最終的に実装された図書館管理システムの画面例を図5.3に示します。これは実際にWebシステムとして動作している画面をキャプチャしたものです。「村上」をキーワードとした「かんたん検索」の結果が示されています。なお、検索結果に表示されている書誌情報や図書館情報はダミーデータによるもので、実際の書籍や図書館とは関係ありません。

図書館システム

利用ガイド　図書館検索　蔵書/著者検索　予約一覧

かんたん検索　詳細検索

村上　検索　クリア

CSVダウンロード

4件中1-4

書籍名↑	著者名	出版日	所蔵
ノルウェイの森	村上 春樹	1987-09-04	渋谷図書館
1Q84	村上 春樹	2009-05-29	新宿図書館
海辺のカフカ	村上 春樹	2002-07-12	渋谷図書館
神の子どもたちはみな踊る	村上 春樹	2000-09-28	新宿図書館

図5.3　実装したWebシステムの画面例

5.3.5 バックエンドの自動テスト

API自動テストツールであるStepCIを用いる自動テストスクリプトを生成しました。ところが、ChatGPTはStepCIの仕様を十分に学習していないのか、正しいスクリプトを1度の生成で得ることができず、実行時エラーを与えて修正を試みたり、スクリプトのサンプルコードを与えて整形をさせたりといった試行錯誤を要しました。

ここでは、最初に与えたプロンプトと、修正の過程で与えたサンプルコードの例、最終的に得られたテストスクリプトの例を示します。

SE

REST API で公開されている図書館システムのバックエンドに関して、
StepCIでテストを行うことを考えています。
テストケース「有効なユーザー名とパスワードを使用してログインできることを確認する。」
について、StepCIのyml形式でテストスクリプトを生成してください。

ホストは localhost です。
ユーザーログインのURLは /user です。

リクエストの構造は　application/x-www-form-urlencoded　で、以下の通りです。
grant_type　string
pattern: password
username *　string
password *　string
scope　string
client_id　string
client_secret　string

レスポンスは、成功した場合、application/json　形式で以下が返ってきます。

```
{
  "access_token": "string",
  "token_type": "string"
}
```

成功するユーザーはuser1 でパスワードはpassword1 です。

SE

stepciのtestsの記述例を示します。
version: "1.1"
name: My Workflow
env:

```
  host: jsonplaceholder.typicode.com
  resource: posts
tests:
  example:
    name: Example test
```

これに則って、整形しなおしてください。

お手本に従って、テストスクリプトを再作成しました。以下がその例です。

```
version: "1.1"
name: Library System Test
env:
    host: localhost
    resource: user
tests:
    login_successful_test:
        name: Test login with valid username and password
        steps:
            - name: Perform login
            http:
                url: http://${{env.host}}/${{env.resource}}
                method: POST
                headers:
                    Content-Type: application/x-www-form-
                    urlencoded
                body: grant_type=password&username=user1&passwor
                d=password1&scope=&client_id=&client_secret=
                check:
                    status_code: 200
                    schema:
                        type: object
                        properties:
                            access_token:
                                type: string
                                minLength: 1
                            token_type:
                                type: string
                                minLength: 1
                        required:
                            - access_token
                            - token_type
```

第5章

5.3.6 フロントエンドの自動テスト

E2E自動テストツールであるPlaywrightを使って、ブラウザーを操作して図書館管理システムを自動テストするテストコードを生成します。ここでは、テストシナリオは日本語で人間が与えることにします。

通常、与えられたテストシナリオを元にテストコードを作成するためには、①テストシナリオの理解、②テストシナリオに書かれた操作と画面要素の対応付け、③画面要素を操作するコードの実装という手順が必要になります。特に②操作と画面要素の対応づけは手間のかかる作業です。例えば、「検索キーワードを入力して検索ボタンを押す」という操作は、人間にとっては簡単ですが、自動テストを行わせるためには、検索キーワードを入力するテキストエリアがどれで、検索ボタンがどれで、それぞれ画面を実装したHTML上ではどんな名前がついているかを調べる必要があります。ChatGPTは、日本語で書かれた単語と、HTML上の要素の名前の対応関係を推定して、コードを生成できます。

ただし、要素の名前は適切に名づけられている必要があります。例えば、検索ボタンの名前が「Button2」のような実装だと、うまくはいかないでしょう。

以下に、テストコードの作成を指示するプロンプトの例と、それに対する回答の例を示します。

SE

vue.js 3 で作成されたウェブページのUIテストをPlaywrightで作成したいです。

ブラウザーでhttp://localhost:8080/　を開くと、以下のvueスタイルのページが開きますので、検索ワードに"村上" と入力し、"ノルウェイの森"という検索結果が含まれるリストが表示されることを確認するplaywright用のtypescrriptを生成してください。
分からないことがあったら、聞いてください。

以下が、vueスタイルのページです。

```
<template>
    <form class="search-form" @submit.prevent="$emit('search')">
        <div>
            <input id="search-query" class="search-input"
            type="text" v-model="searchQuery" placeholder="キーワード
            を入力" />
        </div>
        <div>
            <button class="search-button" type="submit">検索</
            button>
            <button class="clear-button" type="button" @
            click="$emit('clear')">クリア</button>
```

```
        </div>
    </form>
</template>
(以下略)
```

Playwrightを使って、Vue.js 3で作成されたウェブページのUIテストを行うTypeScriptコードを以下に示します。
`search_test.ts`という名前のファイルを作成し、以下のコードを記述してください。

```
import { chromium, Browser, Page, expect } from 'playwright';

describe('Vue.js 3 Webpage UI Test', () => {
    let browser: Browser;
    let page: Page;

    beforeAll(async () => {
        browser = await chromium.launch();
    });

    afterAll(async () => {
        await browser.close();
    });
it('検索ワードに"村上"と入力し、"ノルウェイの森"という検索結果が含まれるリストが表示されること', async () => {
        await page.fill('#search-query', '村上');
        await page.click('.search-button');

        await page.waitForSelector('.search-result-list');
        const searchResults = await page.$$eval('.search-result-
        list li', (results) =>
            results.map((result) => result.textContent)
        );
```

このように日本語で書かれたテストシナリオを自動テストスクリプトとして実装できると、テストの効率が大幅に向上することが期待できます。

5.3.7 Webシステム開発のまとめ

本章の筆者らは、実際に生成AIを使って図書館管理システムを開発した結果、従来に比べ開発効率の向上が期待できるという見込みを得ました。

また、生成AIを使って開発を行うことで、開発者は自身のスキルよりも一段上のタスクが実施可能になると考えています。つまり、まったく開発スキルがない人が生成AIにすべてを任せることは、今のところ期待できませんが、ある程度のスキルがある人には、生成AIがスキルを加えることができます。実際に今回の試行では、Webシステムの開発経験はあるけれどvue.jsは使ったことがない開発者がいましたが、vue.jsを使った開発が可能になりました。生成AIを使うことによる教育効果も期待できるわけです。

その一方で、現在の生成AIには弱点もあります。例えば、巨大なコードを生成することは今のところ困難です。理由は、ChatGPTに入出力できるデータの量に制約があることと、一貫性が保たれない場合があるからです。これらは今後の技術の進展で解消されていく可能性があります。

最後に今回の試行結果の概要を表5.2に示します。ここで「可能」とは本試行で実現できたことを意味し、一般的に可能であることを保証するものではありません。

表5.2　Webシステム開発試行の結果概要

分　類		
バックエンド開発	API設計の生成	可能
	FastAPIによる実装	可能
	異常系の作り込み	可能
	MySQLスキーマ生成	可能
	ダミーデータ生成	可能
フロントエンド開発	Vue.jsによる実装	可能
	異常系の作り込み	可能
バックエンドテスト	StepCI自動テスト	困難さあるが可能
フロントエンドテスト	Playwrightテスト	可能

Column

マルチモーダルの活用

本節ではプロンプトにテキストのみを使った例を示しましたが、生成AIはいわゆるマルチモーダル化が進んでおり、図を理解できるようにもなってきています。そのため手書きの画面例をHTMLで実装するようなこともできつつあります。

以下に筆者が手書きをした絵と、それをChatGPTに入力した回答、生成したHTMLをブラウザーで表示した画面例を示します。これは非常にシンプルな例ですが、今後の技術の進化によっては、システム開発が大きく変わる可能性を秘めていますね。

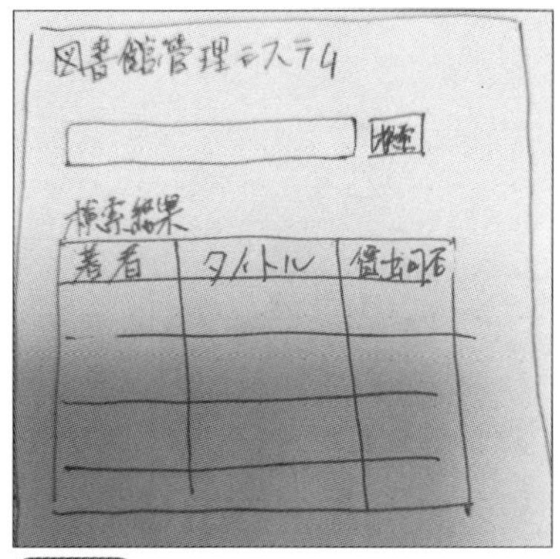

図5.4　手描きによる画面イメージの入力

この図は、図書館管理システムの簡単な画面例のようですね。以下の内容を含んでいるようです：

1. 上部には「図書館管理システム」というタイトルが書かれています。これは、この画面が図書館の書籍や資料を管理するためのシステムの一部であることを示しています。

2. タイトルの下には長い矩形の入力フィールドがあり、検索を意味する「検索」ボタンが隣接しています。このフィールドは、書籍や資料の名前、著者名、ISBN番号などを入力して検索するためのものと考えられます。

3. その下にはテーブルが表示されています。このテーブルには、書籍の詳細な情報を表示するためのカラムがあります。特定のカラムとしては、
   - 「書名」：書籍の名前を表示する。
   - カラム名が部分的に切れているもの：おそらく著者や出版年などの情報を示すカラムかと思われます。
   - 「貸出状況」：この書籍が現在貸し出し中か、利用可能かなどの状況を示す。

最後に、テーブルの下には他の情報や機能ボタンがあるかもしれませんが、画像からはそれ以上の詳細は分かりません。

このようなシステムは、図書館の職員や利用者が書籍の在庫状況、貸出状況などを迅速に確認するために使用されます。
　はい、この画面を構成する基本的なHTMLを生成することができます。以下はその例です：
（以下略）

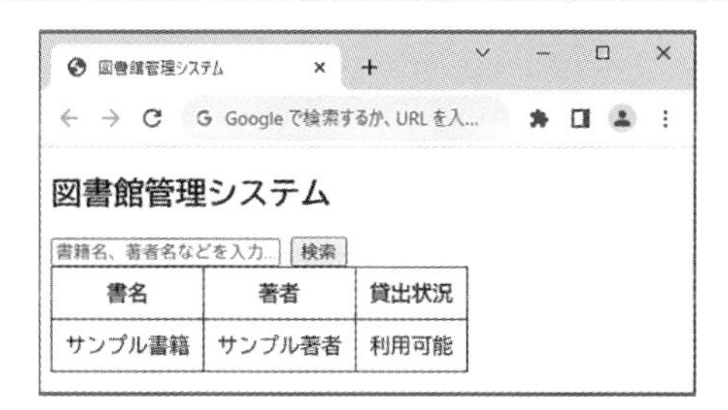

図5.5　生成された画面

第6章

コールセンターでの活用

生成AIの主な適用先として、よく言われるのがコールセンター業務です。生成AIを使ったFAQの自動応答を実現するには、RAGやファインチューニングと呼ばれる技術の適用と理解が必要になります。本章では実際のFAQデータを用いながら、RAGを使ったコールセンター業務向け生成AIアプリケーション開発について説明します。

6.1 コールセンター業務の概要

コールセンター業務とは、主には電話によるお客さまもしくは社内からの問い合わせを受け付けて応答をする業務です。最近ではメールやWeb、またはチャットなどで受け付け応対するケースもあります。そこからさらに広がり、SNSなどのさまざまな手段を通じてお客さまとの関係構築を進めるサービスセンターを含めて、「コンタクトセンター」と呼ぶことがあります。

コールセンターを設立する目的は、質問者からの問い合わせに対して、できるだけ早く応えること、お客さま等の要望に合致した高品質の受け応えを可能にすることにあります。さらには、問い合わせ応答業務をセンターに集約することで、効率よく品質高く、なおかつ迅速な対応を実現することです。特にコロナ禍以降、さらなる拡大を遂げています(図6.1)。

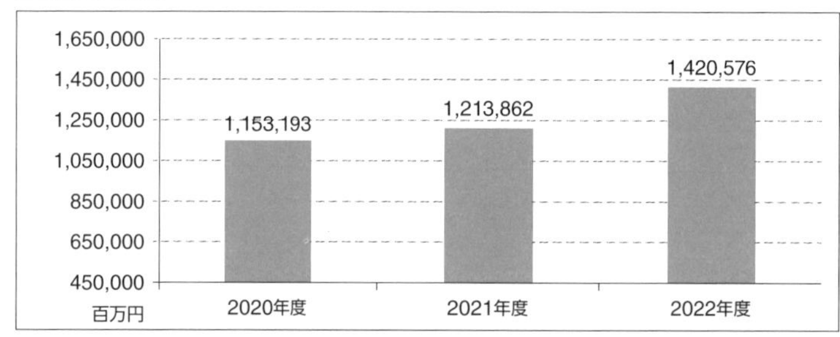

	公開	非公開
2020年	37社	13社
2021年	30社	11社
2022年	42社	9社

※出典:一般社団法人日本コールセンター協会「『2022年度 コールセンター企業 実態調査』報告」

図6.1 コールセンター市場の規模

コールセンター業務には、インバウンドとアウトバウンドという大きく2種類の業務があります。インバウンドは、お客さまや社内からの問い合わせやクレームへの対応、商品の紹介やサービスの契約対応、手続きの仕方など商品や利用しているサービスについてのいろいろな問い合わせを受ける窓口となることです。アウトバウンドは、お客さまへ連絡することが主な業務で、商品案内やサービスの営業、お客さま満足度調査、アポイントメントの確認などの業務が多くを占めます。コロナ以降、コールセンターへの問い合わせも増加しており、オペレーターの人材が集まらないことや、問い合わせに対する回答品質の向上などの課題があります。

6.1.1 業種による業務内容の違い

コールセンター業務の内容はインバウンド／アウトバウンドのほか、業種・業態等のビジネスドメインによっても違ってきます。通販を含む一般消費財のリテールおよび輸配送、自動車や住宅・設備等のメーカー、電気・ガス・交通・通信等の公共インフラ部門、不動産業、金融機関(銀行・証券・保険)等の多くが、コールセンターを設置・運営しています。

以下では市中銀行・損保・生保を例に挙げ、コールセンターにおける業務内容の違いを見てみます。

(1)銀行：総合的な商品案内を行うコールセンターの場合

定期預金、投資信託、外貨預金、保険商品、住宅ローンなど、扱っている商品やサービスに関する相談や質問を広く受け付けるのが、総合的な商品案内を行うコールセンターです。主に下記のような問い合わせに対応します。

• 新規のお客さまへの対応

新規口座の開設手順を知りたい方や、他行とサービス内容を比較したいお客さまからの問い合わせをメインに扱います。口座開設手続きの案内、必要な書類を送付するための情報ヒアリングと配送依頼、提供している商品・サービスの説明などを行います。

• 既存のお客さまへの対応

すでに口座を持っているお客さまからの問い合わせにも対応します。住所や電話番号といった登録情報の変更、身に覚えのない引き落としやカード紛失などのトラブル相談、ローンやサービスに関する質問など、さまざまな問い合わせが寄せられます。

• 融資に特化したコールセンターの場合

融資のみに特化して窓口となるコールセンターもあります。その場合、取り扱っている金融商品（住宅ローン、自動車のローン、教育ローン、カードローンなど）についての問い合わせや相談に対応します。

例えば、「いくらまで借りられるのか」、「融資制度の内容や手続きについて知りたい」、「どこで融資を申し込めるか」、「保有分の評価額を照会したい」、「返済条件の見直しをしたい」といった内容の問い合わせを受けます。

(2)損害保険のコールセンター

損害保険会社のコールセンターにおける仕事内容は、大きくカスタマサポートと事故受付の2つに分かれます。

● カスタマサポート

カスタマサポートは、保険商品の選び方や見直しに関する問い合わせ、自社商品の紹介やプランの案内、契約関係（加入申込み・変更手続き・解約受付）の問い合わせおよび手続きなどを担当します。

● 事故受付

事故受付では、お客さまからの事故に関する連絡に対応します。自動車事故や火災に遭われたお客さまからの最初の連絡に対応するので、「初動」と呼ばれます。

お客さまが事故現場から電話をかけてきている場合、状況を確かめ、安全な場所への移動を優先した上で、事故の内容についてヒアリングします。場合によっては、必要最低限のやりとりだけを行い、連絡をし直すなどの状況判断も必要です。

事故受付はお客さまにとって非常にセンシティブな問題なので、言葉の選び方には細心の注意を払わなくてはなりません。なお、お客さまの状況によって、ヒアリングすべき内容が決まっているので、質問シートを埋めていくイメージで必要事項を漏らさず確認します。火災保険では担当者が現地を確認してから支払われるケースが多いので、すぐには保険金が届かないことも丁寧に伝える必要があります。相手方のケガや損害情報を丁寧に聞き取ったら、支払いを担当する部署に引き継ぎます。

(3)生命保険のコールセンター

生命保険会社では、外交員や営業社員が新規開拓を担うケースが多いため、新規のお客さまの開拓をコールセンターが担当することはあまりありません。お客さまからの資料請求等の問い合わせへの対応がメインになります。そのため、保険の商品に関する詳しい知識よりも、お客さまのニーズに沿って、保険の見直しや途中解約などの事務手続きを、段取りよく進める力のほうが重視されます。

なお、外資系の保険会社やインターネットのみで対応する保険会社など、代理店を持たない生命保険会社では、コールセンターで保険商品について詳しく説明し、保険内容のプランニングを行うこともあります。

- **新規対応**

保険会社の商品に興味を持って問い合わせてきた、新規のお客さまに対応します。保険の選び方や自社商品の紹介、加入申込みの手続きなどが主な内容です。また、資料請求があった方などにアウトバウンドで電話をかけ、年齢や健康状態に適したプランを提案する場合もあります。

- **契約者対応**

すでに、保険に加入しているお客さまからの問い合わせに対応します。保険の見直しに関する問い合わせ、プランの案内、契約関係（変更手続き、解約受付）などに対応する場合と、病気やケガといった事態が起きた際の手続きを担当する場合があります。

6.2 生成AIの適用箇所

コールセンター業務において、生成AIは以下のような活用が期待されます。

- FAQの自動応答
- FAQコンテンツの作成
- コンプライアンスチェック業務の支援
- 要約などの後処理業務の代行
- オペレーターの育成支援

適用効果の大きい箇所には、FAQなどよくある質問への対応があります。問い合わせ対応を効率化することで、オペレーターの負荷を減らし、その他の対応ができるようにして、人手不足の解消を進めるケースがあります。また、専門的知識が必要な部分について、十分な要員を割り当てることが難しい部分に適用するケースなども考えられます。

6.2.1 自動応答業務への活用

生成AIを活用し、顧客の問い合わせ対応履歴・通話記録から、自動的にFAQやチャットボット、IVR（Interactive Voice Response、音声自動応答システム）の応答文言を充実させるようになることが理想でしょう。まずは、対象となる業務分野を絞ることで、回答精度を上げていくのがよいと思います(図6.2)。

例えば、お客さまが加入した商品に関する問い合わせなどにおいては、約款などの文書を情報資源とし、質問へ回答するなどのユースケースが考えられます。従来のチャットボットだと、Q&Aのペアを人が作る必要があったため、自動応答できる質問の量が限定されていました。そこへ生成AIを適用すれば、該当する文書全体の中から適切な部分を絞り込み、回答を生成します。これをチャットボットと比較すると、構築初期の労力が少なく、また、生成AIの表現力により、個々のお客さまに合わせた回答内容のアレンジ等も可能となる点が特徴です。

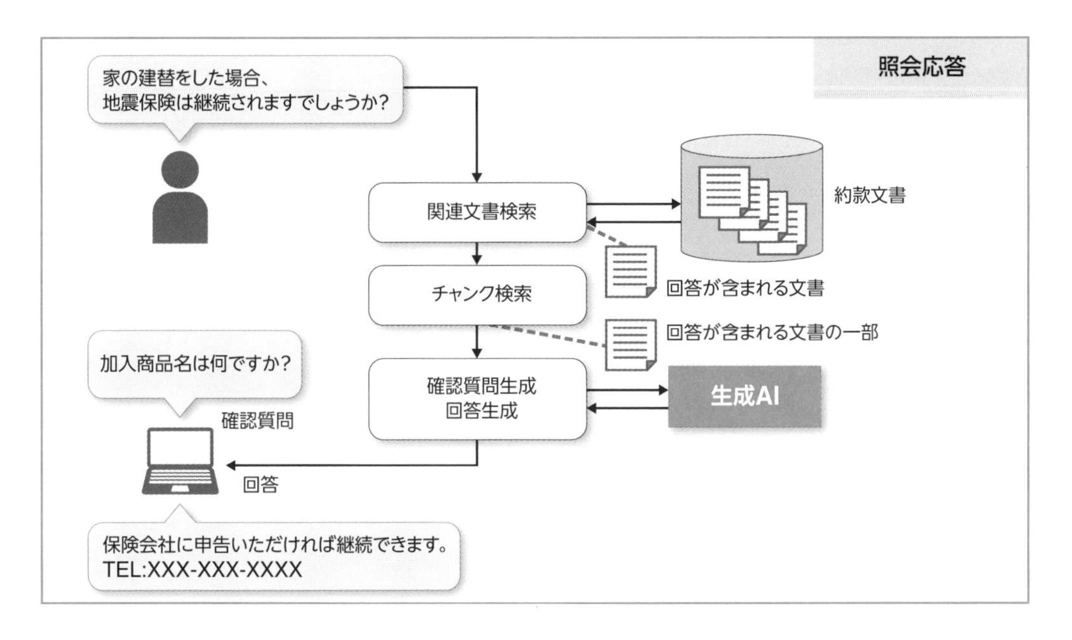

図6.2　照会応答における処理の流れ（概要）

6.2.2 コンプライアンスチェック業務への活用

専門知識が必要なユースケースとしては、コンプライアンスチェックなどの監査業務への適用が挙げられます。

特に金融業界では、金融商品の販売において、お客さまへの重要な説明義務などがあります。それらを適切に伝えているか、もしくは正しく説明をしているかなどを監査する必要があるのです。しかし、これらに関するメールや通話データなどの対話記録すべてを専門家が確認するのは容易でありません（図6.3）。

こうしたことから、不適切な文言例や違反事例集などを情報資源とし、生成AIを用いて実際のお客さまとのやりとりから対話データを抽出するなどの活用方法が考えられます。

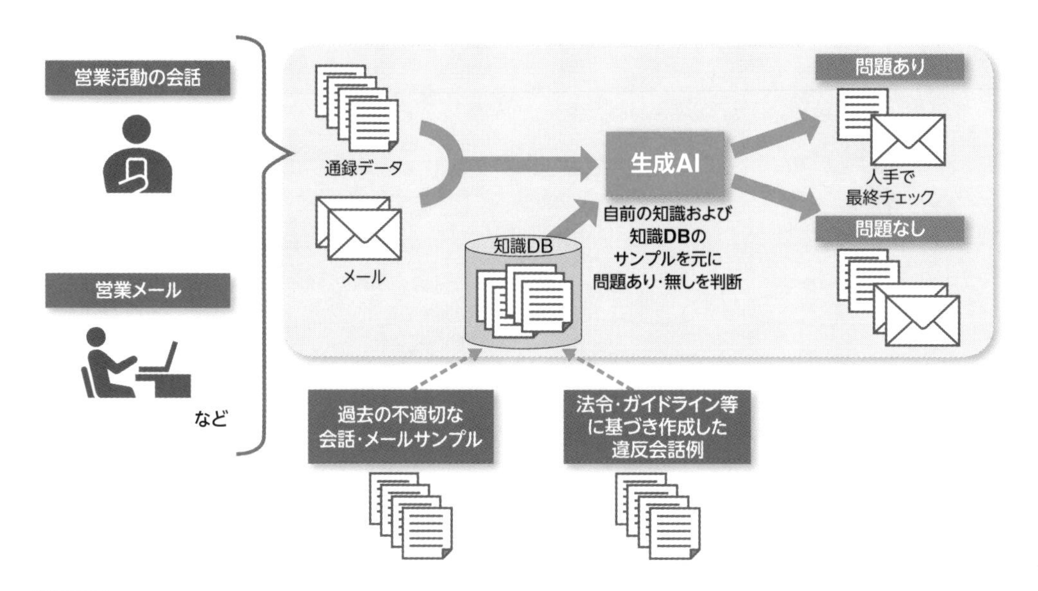

図6.3　コンプライアンスチェックにおける処理の流れ（概要）

6.3 コールセンターでの活用事例(RAG編)

コールセンターの実業務に生成AIをそのまま利用しても、なかなか上手くいきません。生成AIの知識不足の対策や、検索機能を強化して利便性向上させる必要が出てきます。そこで、オープンソースであるLangChainなどを使い、生成AI を支える連携アプリケーションを構築してみます。

6.3.1 生成AIが持たない知識

生成AIの高い言語能力は、インターネット上から取得した大量かつ高品質な学習データから獲得しています。そのため、AIモデルの学習には莫大な学習データの準備作業と、計算用マシンのリソース費用がかかります。インターネット上のテキストデータは、日々凄まじい勢いで増えていますが、毎日のようにAIモデルをアップデートさせることは、作業量とコストの面から非現実的です。

つまり、生成AIは「ある時点までの知識を持つAI」であり、「リアルタイムの知識を持つAI」ではありません。例えば、OpenAI社が提供しているChatGPTの場合、本書執筆時点（2023年12月）のバージョンでは、GTP-3.5は2021年9月まで、GTP-4は2022年1月までの学習データで作られています(図6.4)。

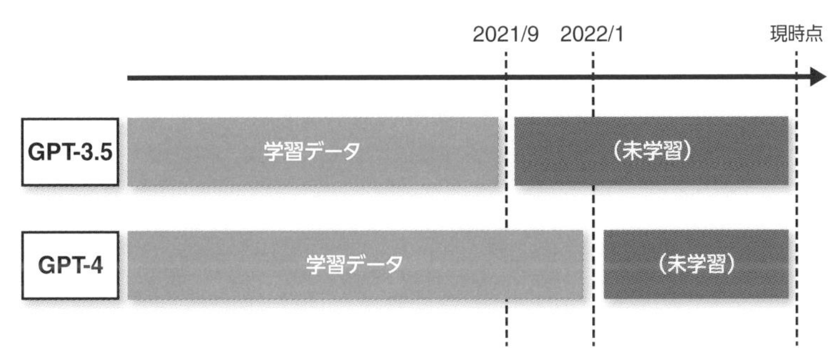

図6.4 ChatGPTの学習データ期間

6.3.2 生成AIに新たな知識を追加する例

生成AIがリアルタイムに近いデータを学習していなくとも、例えば文章の要約や翻訳、シンプルなソースコードの解説などであれば、生成AIは十分な回答を返してくれるでしょう。しかし、コールセンターなどの分野で生成AIを活用していくためには、どうしても特定分野の最新知識が必要になってきます。

例えば、次の例のように、ChatGPTに製品のアフターサービスの連絡先を問い合わせてみます。すると、ChatGPTは最新の情報を持たないことを理由に、連絡先を教えてくれませんでした。

例 ChatGPT単独では回答できない問い合わせの例

BU　ドラム式洗濯乾燥機(BD-SV120JL)のアフターサービスの連絡先を教えてください

申し訳ございませんが、私のデータベースには2021年9月までの情報しか含まれておらず、具体的な製品のアフターサービスの電話番号や連絡先情報を提供することができません。製品のアフターサービスに関する情報は、製造元や販売店のウェブサイト、製品の取扱説明書、またはカスタマーサポートに問い合わせることをお勧めします。製品の名前や型番を持参し、正確な情報を入手できるようにしてください。

今度は、質問時に最新の連絡先の情報を与えてみましょう。下の例は、プロンプトにアフターサービスの連絡先情報を記述して、ChatGPTに質問した結果です。プロンプトの情報をChatGPTが解釈し、正しい連絡先を教えてくれるようになりました。

例 ChatGPTに情報を追加して質問した例

BU

コンテキスト
【ドラム式洗濯乾燥機(BD-SV120JL)】
製品情報や使い方に関するご相談窓口
TEL 0120-3121-11
携帯電話 050-3155-1111 (有料)
FAX 050-3135-2134 (有料)

質問
ドラム式洗濯乾燥機(BD-SV120JL)のアフターサービスのTEL情報を教えてください

ドラム式洗濯乾燥機（BD-SV120JL）のアフターサービスのTEL情報は、以下の通りです。

TEL: 0120-3121-11

この電話番号にお問い合わせいただければ、製品に関するアフターサービスについての情報やサポートを受けることができます。必要な情報やサポートに関する詳細は、この番号で専門の担当者にお尋ねください。なお、携帯電話番号とFAX番号も提供されていますが、それらは有料の場合があるため、通話料金について確認することをお忘れなくお願いいたします。

ただしこのやり方では、毎回手作業でプロンプトに必要な情報を入力しなくてはいけないので、利便性に欠けます。その問題を解決するのが、人間の代わりに自動で情報を検索し、プロンプトに追加するRAGという仕組みです。

6.3.3 RAGとファインチューニング

生成AIに追加で知識を与える方法は、主に以下の2つです。

(1) ファインチューニング
(2) RAG（Retrieval Augmented Generation）

ファインチューニングは、学習済みのモデルに追加で再学習させる手法です。うまくいけば高い効果を期待できますが、計算用マシンコストに加え、再学習したモデルの保存・管理コストもかかります。やみくもに行うことは避けた方がよいでしょう。

これに対して、RAGはモデル自体の再学習は行ないません。プロンプトに情報を入力し、一時的に知識を獲得する手法です。ファインチューニングよりも安価に実装できるので、まずはRAGで試行錯誤するのがお勧めです。

● RAGの概要

RAGとは、生成AIが持たない知識を補うために、データベースから外部情報を検索し、その情報をもとに回答の品質を向上させる技術です（「Grounding」とも呼ばれる、図6.5）。生成AIに教えたい知識はデータベースに格納するので、モデル自体には手を加えません。そのため、安価かつ高速に実装できます。

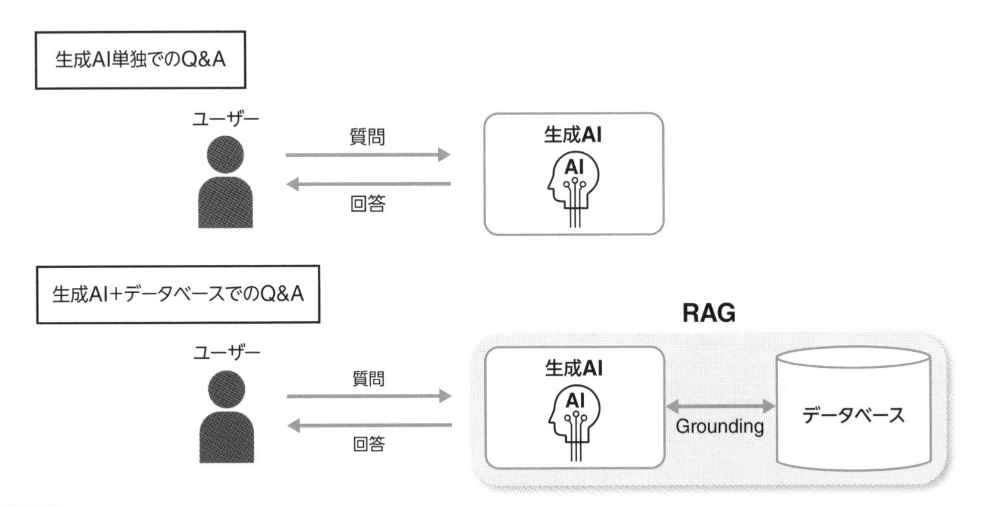

図6.5　RAGを活用したQ&Aのイメージ

この手法は、大学の定期試験でよくある「ノート持ち込み可の試験」に似ています。試験問題のヒントになる情報を、持ち込みノート（データベース）の中から探し出し、つなぎ合わせ、学生（生成AI）が回答を記述します。仕組みとしてはシンプルですが、次のような点が重要です。

- 持ち込みノート（データベース）に、きちんと情報が含まれているか
- 持ち込みノート（データベース）の中から、素早く情報を見つけ出せるか
- 学生（生成AI）が、ノートの情報を上手く解釈できるか

そしてこれらが、RAGの実装におけるエンジニアの腕の見せ所になってきます。

6.3.4 RAGの実装ステップ

ここからは、Pythonのスクリプトを交えながら、RAGの実装例を説明します。

RAGでは、生成AIが持たない知識を蓄積・検索するデータベースに「ベクトルDB」（もしくは「知識DB」とも呼ばれる）がよく採用されます。ベクトルDBとは、テキストデータをベクトルに変換する「ベクトル化」を行ない、そのベクトル情報を使った検索が可能なデータベースのことです（図6.6）。ベクトル化の変換処理には、Embeddingモデルと呼ばれるAIが用いられます。

ベクトルDBに格納される情報は、それぞれがベクトルという「住所」を持っていますので、テキスト間の類似度や距離を知ることができます。そのため、質問文に最も関係しそうな文章を効率的に検索できるので、RAGとの相性がよいDBであると言えます。

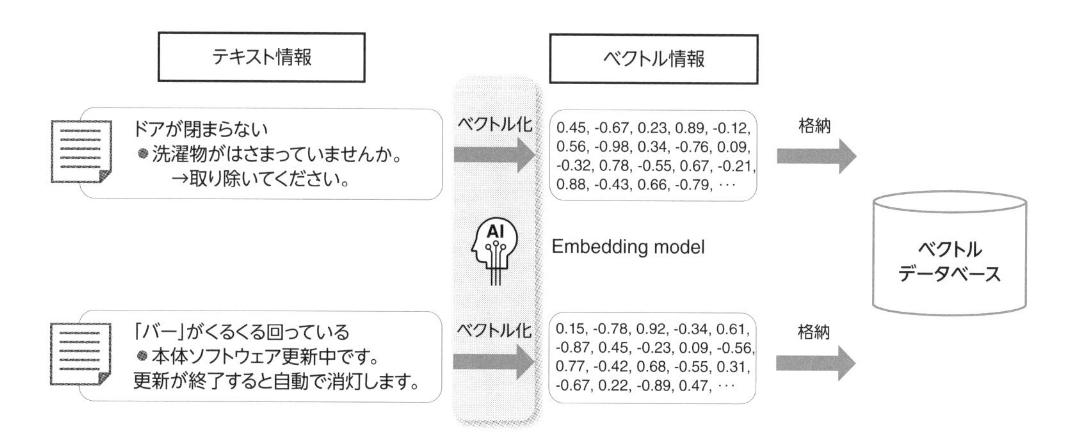

図6.6　ベクトル化のイメージ

RAGを実装するには、「ベクトルDBの作成」時と、「Q&A実行」時の2箇所について、アプリケーション開発が必要になります。

- **ベクトルDBの作成**(図6.7)
  (1)ドキュメントからテキストを抽出
  (2)テキストをチャンク分割
  (3)ベクトル化してDBへ格納

- **Q&Aの実行**(図6.8)
  (1)プロンプトから関連情報を検索
  (2)プロンプトに情報追加してAIへ質問
  (3)生成AIの回答を返す

以下では、それぞれの実装ステップについて説明していきます。

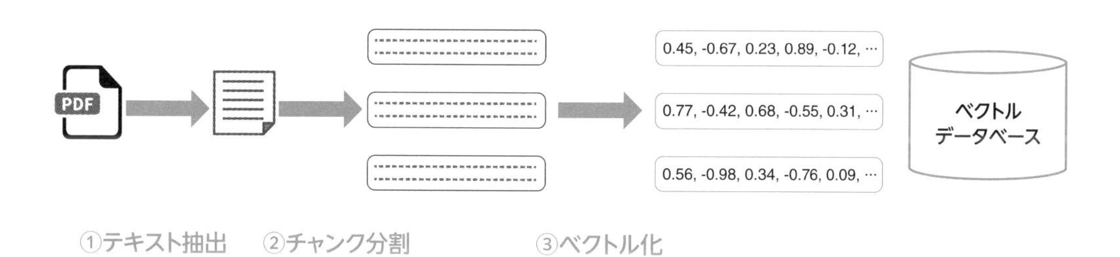

図6.7　ベクトルDB作成時の処理概要

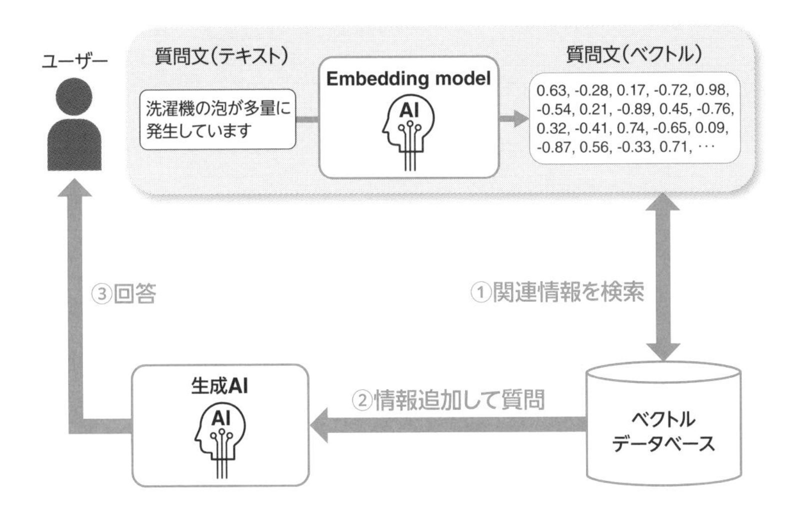

図6.8　Q&A実行時の処理概要

● サンプルデータ

ここでは、日立製作所のドラム式洗濯乾燥機に関するQ&Aデータを使用して、RAGを実装していきます(図6.9)。このサンプルデータは以下のサイトから入手できます。

https://kadenfan.hitachi.co.jp/support/wash/item/2023.html

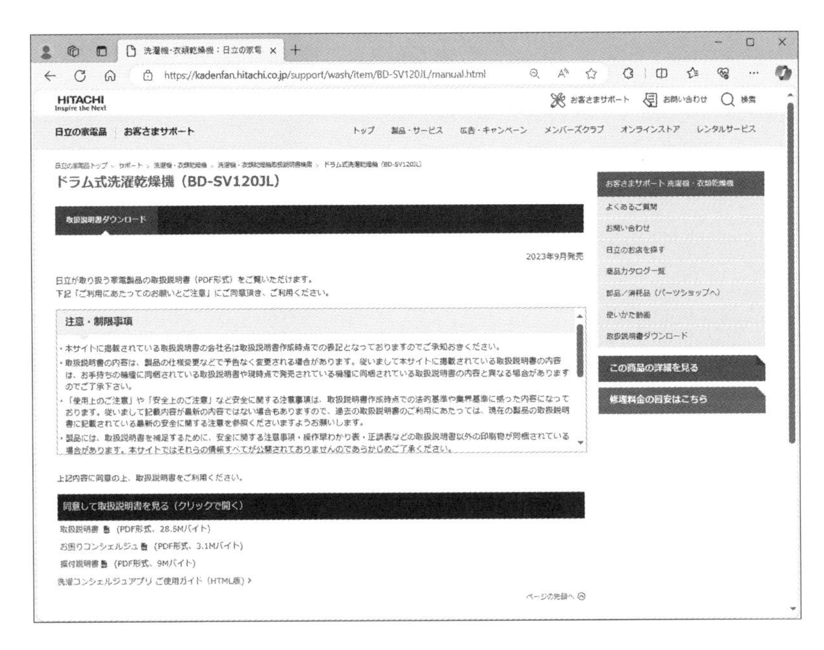

図6.9　ドラム式洗濯乾燥機(BD-SV120JL)

ドラム式洗濯乾燥機(BD-SV120JL)の「お困りコンシェルジュ」というPDFファイルをダウンロードしてください。PDFファイルの中身は、ドラム式洗濯乾燥機の使用時に起こる困りごとの解決策が記載されています(図6.10)。

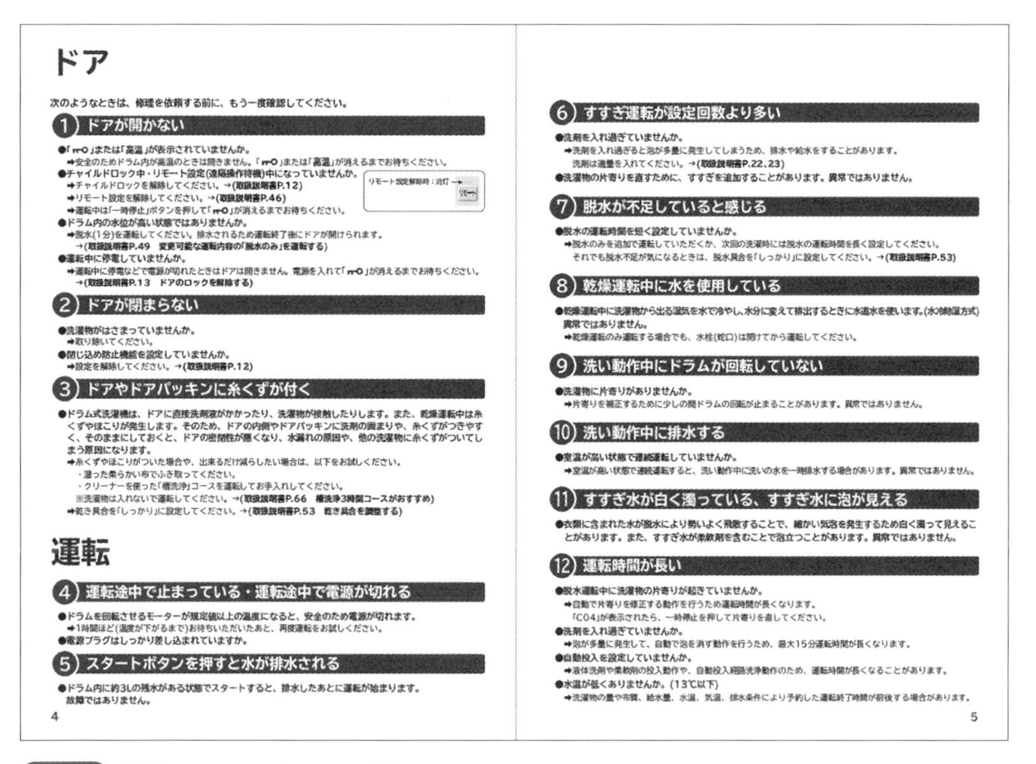

ドア

次のようなときは、修理を依頼する前に、もう一度確認してください。

① ドアが開かない

●「⊶」または「高温」が表示されていませんか。
➡安全のためドラム内が高温のときは開きません。「⊶」または「高温」が消えるまでお待ちください。
●チャイルドロック中・リモート設定(遠隔操作待機)中になっていませんか。
➡チャイルドロックを解除してください。→(取扱説明書P.12)
➡リモート設定を解除してください。→(取扱説明書P.46)
➡運転中は「一時停止」ボタンを押して「⊶」が消えるまでお待ちください。
リモート設定解除時：消灯 → リモート
●ドラム内の水位が高い状態ではありませんか。
➡脱水(1分)を運転してください。排水されるため運転終了後にドアが開けられます。
→(取扱説明書P.49　変更可能な運転内容の「脱水のみ」を運転する)
●運転中に停電していませんか。
➡運転中に停電などで電源が切れたときはドアは開きません。電源を入れて「⊶」が消えるまでお待ちください。
→(取扱説明書P.13　ドアのロックを解除する)

② ドアが閉まらない

●洗濯物がはさまっていませんか。
➡取り除いてください。
●閉じ込め防止機能を設定していませんか。
➡設定を解除してください。→(取扱説明書P.12)

③ ドアやドアパッキンに糸くずが付く

●ドラム式洗濯機は、ドアに直接洗剤液がかかったり、洗濯物が接触したりします。また、乾燥運転中は糸くずやほこりが発生します。そのため、ドアの内側やドアパッキンに洗剤の固まりや、糸くずがつきやすく、そのままにしておくと、ドアの密閉性が悪くなり、水漏れの原因や、他の洗濯物に糸くずがついてしまう原因になります。
➡糸くずやほこりがついた場合や、出来るだけ減らしたい場合は、以下をお試しください。
・湿った柔らかい布でふき取ってください。
・クリーナーを使った「槽洗浄」コースを運転してお手入れしてください。
※洗濯物は入れないで運転してください。→(取扱説明書P.66　槽洗浄3時間コースがおすすめ)
➡乾き具合を「しっかり」に設定してください。→(取扱説明書P.53　乾き具合を調整する)

運転

④ 運転途中で止まっている・運転途中で電源が切れる

●ドラムを回転させるモーターが規定値以上の温度になると、安全のため電源が切れます。
➡1時間ほど(温度が下がるまで)お待ちいただいたあと、再度運転をお試しください。
●電源プラグはしっかり差し込まれていますか。

⑤ スタートボタンを押すと水が排水される

●ドラム内に約3Lの残水がある状態でスタートすると、排水したあとに運転が始まります。
故障ではありません。

4

⑥ すすぎ運転が設定回数より多い

●洗剤を入れ過ぎていませんか。
➡洗剤を入れ過ぎると泡が多量に発生してしまうため、排水や給水をすることがあります。
洗剤は適量を入れてください。→(取扱説明書P.22、23)
●洗濯物の片寄りを直すために、すすぎを追加することがあります。異常ではありません。

⑦ 脱水が不足していると感じる

●脱水の運転時間を短く設定していませんか。
➡脱水のみを追加で運転していただくか、次回の洗濯時には脱水の運転時間を長く設定してください。
それでも脱水不足が気になるときは、脱水具合を「しっかり」に設定してください。→(取扱説明書P.53)

⑧ 乾燥運転中に水を使用している

●乾燥運転中に洗濯物から出る湿気を水で冷やし、水分に変えて排出するときに水道水を使います。(水冷除湿方式)
異常ではありません。
➡乾燥運転のみ運転する場合でも、水栓(蛇口)は開けてから運転してください。

⑨ 洗い動作中にドラムが回転していない

●洗濯物に片寄りがありませんか。
➡片寄りを補正するために少しの間ドラムの回転が止まることがあります。異常ではありません。

⑩ 洗い動作中に排水する

●室温が高い状態で連続運転していませんか。
➡室温が高い状態で連続運転すると、洗い動作中に洗いの水を一時排水する場合があります。異常ではありません。

⑪ すすぎ水が白く濁っている、すすぎ水に泡が見える

●衣類に含まれた水が脱水により勢いよく飛散することで、細かい気泡を発生するため白く濁って見えることがあります。また、すすぎ水が柔軟剤を含むことで泡立つことがあります。異常ではありません。

⑫ 運転時間が長い

●脱水運転中に洗濯物の片寄りが起きていませんか。
➡自動で片寄りを修正する動作を行うため運転時間が長くなります。
「C04」が表示されたら、一時停止を押して片寄りを直してください。
●洗剤を入れ過ぎていませんか。
➡泡が多量に発生して、自動で泡を消す動作を行うため、最大15分運転時間が長くなります。
●自動投入を設定していませんか。
➡液体洗剤や柔軟剤の投入動作や、自動投入経路洗浄動作のため、運転時間が長くなることがあります。
●水温が低くありませんか。(13℃以下)
➡洗濯物の量や布質、給水量、水温、気温、排水条件により予約した運転終了時間が前後する場合があります。

5

図6.10 お困りコンシェルジュPDFの中身

6.3.5 ベクトルDB(知識DB)の作成

Step 1：ドキュメントからテキストを抽出

Pythonのライブラリを活用すれば、テキストファイルやPDFファイル、Webページ、Word書類、PowerPoint資料などからテキストを抽出することができます。PDFファイルからテキストを抽出するコードは以下のようになります。

第6章

スクリプト6.1　PDFファイルからテキストを抽出

```
from langchain.document_loaders import PyPDFLoader

# ページごとにドキュメントを読み込む
documents = []
file_path = ("bd-sv120j_tc_a.pdf")
loader = PyPDFLoader(file_path)
documents.extend(loader.load_and_split())

# 20ページ目のドキュメントを確認
print(documents[19])
```

結果表示（抜粋）

```
page_content='… 製品情報や使いかたに関するご相談窓¥n機能・操作・設定などのご相談ができます。¥n
電話のほかLINE、チャット、メールなど様々なお問い¥n合わせ方法を準備しております。詳しくは日立家電品
¥nサポートページをご覧ください。¥nTEL 0120-3121-11¥n携帯電話 050-3155-1111(有料)¥nFAX
050-3135-2134(有料)\n  … '
metadata={'source': 'bd-sv120j_tc_a.pdf', 'page': 19}
```

ファイル中から抽出できる情報はテキストのみであり、グラフや写真などの情報は抽出できません。ただし、GPT-4Vなどマルチモーダル生成AIを活用すれば、グラフや写真などの情報もデータベースに格納できます。

工夫ポイント①：図表を文章化してベクトル化

GPT-4Vを使えば、図表の情報をテキスト化することも可能です。ドキュメント中の図の部分をjpg画像で保存し、GPT-4Vに質問してみます。すると、画像をGPT-4Vが認識して、文章で説明をしてくれます。

例 GPT-4Vに図を説明させた例

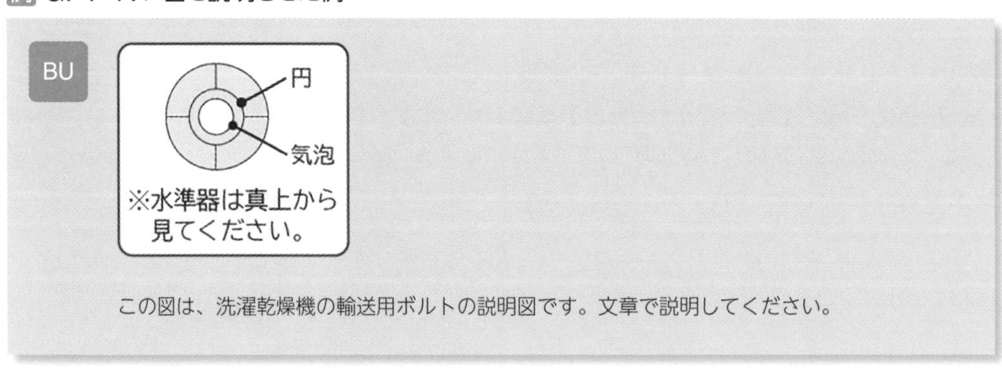

この図は、洗濯乾燥機の輸送用ボルトに関する説明図です。中心から放射状に広がる円の中に、2つの小さな黒い点が描かれており、これらは輸送用ボルトを示していると思われます。外側の大きな円は洗濯乾燥機の背面や底面を示す可能性があります。また、2つの箇所に「円」と「気泡」という文字が添えられていますが、これはおそらくボルトの位置や形状に関する特徴を示しています。図の下部には注意書きがあり、「水平輸送は避けられる場合は避けてください」と書かれています。これは、洗濯乾燥機を輸送する際にボルトの位置や取り扱いに注意が必要であることを示唆していると考えられます。

GPT-4Vが出力した文章をベクトルDBに格納すれば、図表の内容もRAGで扱えるようになります。ただし、現時点では日本語の誤読が多いなど、まだまだ十分なパフォーマンスとはいえません。将来的には強力な手法になると考えられますが、今回は図表の内容をベクトルDBに格納しないこととします。

Step 2：テキストをチャンク分割

ベクトル化するテキストサイズを指定します。ベクトル化する際のテキストの塊を「チャンク」と呼び、チャンク分割を調整することができます。

スクリプト6.2　チャンク分割

```
from langchain.text_splitter import CharacterTextSplitter

## ドキュメントを指定の長さのチャンクに分割する
text_splitter = CharacterTextSplitter(chunk_size=1024, chunk_overlap=256)
chunks = text_splitter.split_documents(documents)

# 読み込んだPDFのページ数とチャンク数を確認
print(f"ページ数:{len(documents)}, チャンク数:{len(chunks)}")
```

結果表示（抜粋）

```
ページ数:20, チャンク数:20
```

今回は1024トークンごとにチャンクを分割する指定を行ないました。今回のドキュメントに1024トークン以上のページはなかったので、チャンク数とページ数は同じ数になりました。

工夫ポイント②：トークン数上限の対策

生成AIのプロンプトに、無限の長さのコンテキストを与えることはできません。生成AIの入出力合わせた「合計トークン数の上限」が設定されています。この上限を超えると、次のようなエラーが返ってきます。

```
openai.error.InvalidRequestError: This model's maximum context length is
4097 tokens.
```

このトークン上限によるエラーを回避するためには、主に3つの対策を検討します。

①トークン数の上限が大きいモデルを使用する
②プロンプトの記述を節約する
③トークン消費の少ない英語で生成AIと対話する

一番効果的なのは、①の大きいトークンが扱えるモデルへの交換です。GPT-3.5とGPT-4には、それぞれトークン上限が異なるモデルが提供されています。利用料金は高くなりますが、トークン上限が問題になる場合は検討してみてください。

また、OpenAI社のGPT系モデル以外も候補に挙がります。Amazon Bedrockから利用できるClaude 2は、100kトークンまで利用可能です。モデルとしての性能も、API利用料金も、高い順に「GPT-4 > Claude 2 > GPT-3.5」となっています。GPT-4クラスの性能が不要な場合は、Claude 2などを利用してみるのも手です。ただし各モデルの利用料金は変動が激しく、またリージョンによって利用料金が異なるモデルもあります。そのため、最新情報は以下の各料金ページで確認してください。

- OpenAI 料金ページ（GPT-4など）
  https://openai.com/pricing
- Azure OpenAI Service 料金ページ（GPT-4など）
  https://azure.microsoft.com/ja-jp/pricing/details/cognitive-services/openai-service/
- Amazon Bedrock 料金ページ（Claudeなど）
  https://aws.amazon.com/jp/bedrock/pricing/

ただし、どのモデルを使用しても、大量のトークンを使用するとコストは嵩みます。また、あまりに長文のプロンプトを入力すると、生成AIが全ての指示を理解できず、プロンプトを無視した回答をしやすくなります。

そこで、②のトークンを節約するプロンプトテクニックを活用しましょう。少ないプロンプトでも効率的に生成AIに伝えるためのプロンプトエンジニアリングは、4章「社内での一般利用」の4.7節で紹介していますので、確認してください。

ほかにもプロンプトを節約する方法として、ファインチューニングも候補に挙がります。

「Markdown形式で答えて」とか「〇〇の質問には××のような書き方で答えて」など、回答の仕方をファインチューニングで覚えさせます。これにより、プロンプトで指示する必要がなくなり、トークン数の節約になります。ファインチューニングの説明については、本章最後のコラムの中で紹介します。」

最後に、③の英語で生成AIとやり取りをする方法があります。同じ内容の文章の場合、日本語よりも英語の方がトークン数は少なくなります。手軽にトークン分割を確認する方法として、OpenAI社が提供しているTokenizerというサイトがありますので、英語と日本語のトークン数を比較してみます。[https://platform.openai.com/tokenizer]

図6.11と図6.12は、Tokenizerで英語・日本語それぞれの文章のトークンをカウントした結果です。日本語の方が英語よりも約2倍のトークンになることが分かります。ただし実業務での適用を考えると、やはり日本語のまま扱いたい場合が多いので、利便性を損なわない範囲で活用していくとよいでしょう。

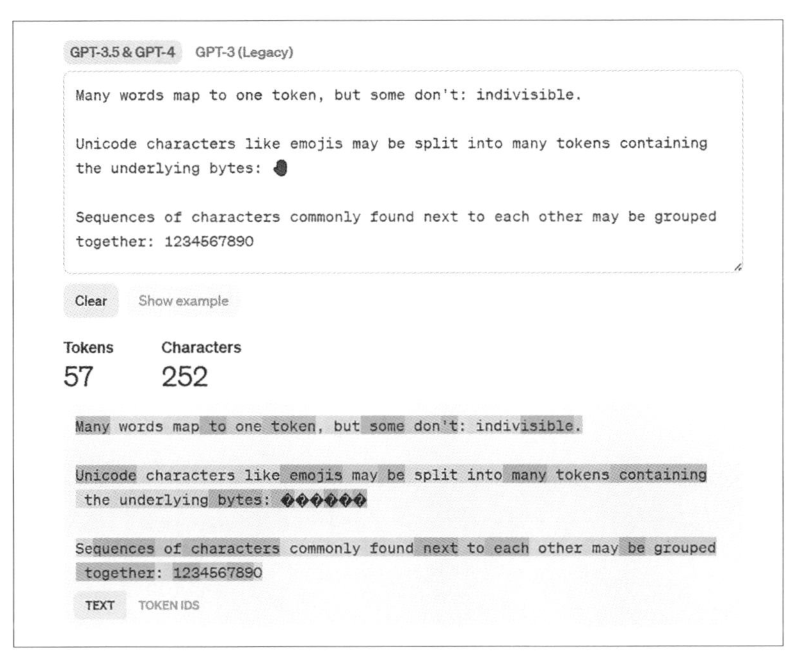

図6.11 トークン数の確認(英語)

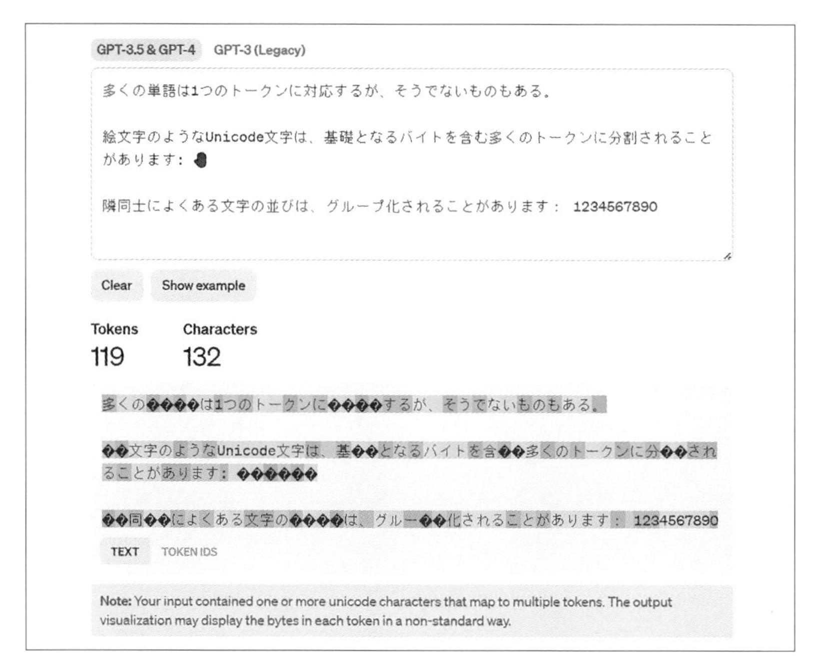

図6.12 トークン数の確認（日本語）

Step 3：ベクトル化してDBへ格納

OpenAI社では「Ada v2」というEmbeddingモデルを提供しているので、このモデルを使用します。ベクトルDBの検索エンジンは、ローカル環境で保存できるFAISSを使って説明します。FAISSは、Meta社が開発したオープンソースのベクトルDBです。ほかにも、Chroma、qdrant、Pineconeなど様々なオープンソースがあります。Embeddingモデルを使いチャンク毎にベクトル化し、ベクトルDBへ保存します。

スクリプト6.3　チャンク分割

```
from langchain.embeddings.openai import OpenAIEmbeddings
from langchain.vectorstores import FAISS

# OpenAIEmbeddingsのインスタンス作成
embeddings = OpenAIEmbeddings()

# ベクトル化しFAISSに保存
db = FAISS.from_documents(chunks, embeddings)
db.save_local("dir_QA_ BD-SV120JL")  # 任意のフォルダ先にDBを保存する
```

これで、任意のフォルダにベクトルDBが作られました。

6.3.6 Q&Aの実行

Step 1：プロンプトから関連情報を検索

ここからは、Q&Aの実行時に必要な実装をしていきます。まずは、質問文に関係していそうな情報を、作成したベクトルDBから取得してみます。

スクリプト6.4　ベクトルDBの中から関連情報を取得

```
import openai
from langchain.embeddings.openai import OpenAIEmbeddings
from langchain.vectorstores import FAISS

# 保存したDBを読み込み、質問文と関係しそうな文章を検索
question = "泡が多量に発生しているときは、どうすればよいですか？"
db = FAISS.load_local("test_Book", embeddings)

# 関連する情報を確認
print(db.similarity_search_with_score(question, k=1))
```

結果表示（抜粋）

```
[(Document(page_content='14糸くずフィルター¥n泡が残っている51\n●洗剤を入れ過ぎていませ
んか。\n➡洗剤を入れ過ぎると泡が多量に発生してしまうため、泡が残ることがあります。¥n¥u3000洗剤は適
量を入れてください。→(取扱説明書P.22、23)\n●すすぎ水が柔軟剤を含むことで泡立つことがあります。
異常ではありません。¥n給水¥n給水ホースから水漏れする52\n●水栓の形状は合っていますか。\n➡確認して
ください。→(据付説明書P.5)¥n洗い・すすぎの途中で給水する53', metadata={'source': 'bd-
sv120j_tc_a.pdf', 'page': 13}), 0.32799268)]
```

質問文の回答になりそうな箇所を含むチャンクを検索して、取り出すことができました。この情報をプロンプトで渡せば、生成AIは的確な回答をしてくれるはずです。

Step 2：プロンプトに情報を追加して生成AIへ質問

ベクトルDBから取得した情報を、質問文と合わせて生成AIへ質問します。

スクリプト6.5　ベクトルDBから取得した情報を使用して生成AIへ質問

```
from langchain.chat_models import ChatOpenAI
from langchain.chains import LLMChain, ConversationalRetrievalChain
```

```
# ベクトルDB読み込んだチャットモデル設定
LLM_model = ChatOpenAI(
    model_name="gpt-35-turbo-16k",
    temperature=0,
    max_tokens=2048,
)

# 参照するチャンクの数
Top_k = 1

# 質問文をベクトル化し関連情報を取得するインスタンス作成
qa_chain = ConversationalRetrievalChain.from_llm(
    LLM_model,
    retriever=db.as_retriever(
        search_kwargs={"k":Top_k}
    ),
    return_source_documents=True,
    chain_type="stuff"
)

# 回答を生成
chat_history = []
question = "泡が多量に発生しているときは、どうすればよいですか？"
response = qa_chain(
    {
        "question": question,
        "chat_history": chat_history,
        "vectordbkwargs": {"search_distance": 0.0},
    }
)
```

結果表示（抜粋）

```
{'question': '泡が多量に発生しているときは、どうすればよいですか？',
 'chat_history': [('泡が多量に発生しているときは、どうすればよいですか？',
   '洗剤を入れ過ぎると泡が多量に発生してしまうため、以下の対処方法を試してみてください。¥n¥n1. 洗剤の量を減らす: 取扱説明書に記載されている適量を守って洗剤を入れてください。¥n2. 追加のすすぎ: 洗濯機の設定によっては、追加のすすぎを行うことで余分な泡を取り除くことができます。¥n3. 手動で水を追加する: 洗濯機の洗い・すすぎの途中で泡が多い場合は、一時停止して手動で水を追加することで泡を薄めることができます。¥n¥nこれらの対処方法を試しても問題が解決しない場合は、取扱説明書に記載されているサポート連絡先に問い合わせてください。')],
 'vectordbkwargs': {'search_distance': 0.0},
 'answer': '洗剤を入れ過ぎると泡が多量に発生してしまうため、以下の対処方法を試してみてください。¥n¥n1. 洗剤の量を減らす: 取扱説明書に記載されている適量を守って洗剤を入れてください。¥n2. 追加のすすぎ: 洗濯機の設定によっては、追加のすすぎを行うことで余分な泡を取り除くことができます。¥n3. 手動で水を追加する: 洗濯機の洗い・すすぎの途中で泡が多い場合は、一時停止して手動で水を追加することで泡を
```

```
薄めることができます。¥n¥nこれらの対処方法を試しても問題が解決しない場合は、取扱説明書に記載されているサポート連絡先に問い合わせてください。',
 'source_documents': [Document(page_content='14糸くずフィルター¥n泡が残っている51\n●洗剤を入れ過ぎていませんか。\n➡洗剤を入れ過ぎると泡が多量に発生してしまうため、泡が残ることがあります。¥n¥u3000洗剤は適量を入れてください。 →(取扱説明書P.22、23)\n●すすぎ水が柔軟剤を含むことで泡立つことがあります。異常ではありません。¥n給水¥n給水ホースから水漏れする52\n●水栓の形状は合っていますか。\n➡確認してください。 →(据付説明書P.5)¥n洗い・すすぎの途中で給水する53\n●手動投入で洗剤を入れ過ぎていませんか。\n➡入れ過ぎると、泡が多量に発生してしまうため、排水や給水をすることがあります。¥n¥u3000洗剤は適量を入れてください。 →(取扱説明書P.22、23)¥n一時停止をしたとき、水がドラム内に出てくる54\n●洗濯機の配線経路に残った水が出てくる場合があります。故障ではありません。¥nにおい¥n洗濯機のにおいが気になる(ゴムのにおい)55\n●ご購入後、しばらくの間ゴム部品などのにおいがすることがあります。使用するにつれてにおいはしなく¥nなります。\n●洗濯物をドラムの中に入れたままにしていると、においが付きやすくなります。洗濯終了後はすぐに取り¥n出してください。\n●濡れた洗濯物を他の洗濯物と一緒に保管しないようにしてください。', metadata={'source': 'bd-sv120j_tc_a.pdf', 'page': 13})]}
```

回答が返ってきましたが、Q&Aでユーザーに返す情報としては余分なものが多いので、整理します。

工夫ポイント③：chain_typeの選択

Langchainではchain_type引数を使って、どのようにチャンクを処理させるか指定することができます。適切なchain_typeを選ぶことができれば、APIの呼び出し回数を抑えコスト削減したり、より望む回答に近い答え方を指定したりできます。

chain_typeでは次の4つの方法を指定することができます。

①一度に詰め込む方式のchain_type：stuff
②繰り返し聞いていく方式のchain_type：refine
③一番良いものを選ぶ方式のchain_type：map_rerank
④それぞれの回答からさらに回答を作る方式のchain_type：map_reduce

最も基本的なchain_typeは①の「stuff」方式です。これは質問文と関連する複数の文章を、同時にプロンプトに含めて回答を生成します(図6.13)。

chain_typeに②のrefineを指定すると、まずは生成AIに1チャンクの情報を与えて回答させます。その回答履歴を覚えている状態で、次のチャンクの情報を与えて回答させます。このように、連続で回答をつないでいくことで、だんだんと回答の質をブラッシュアップする方法がrefineです(図6.14)。

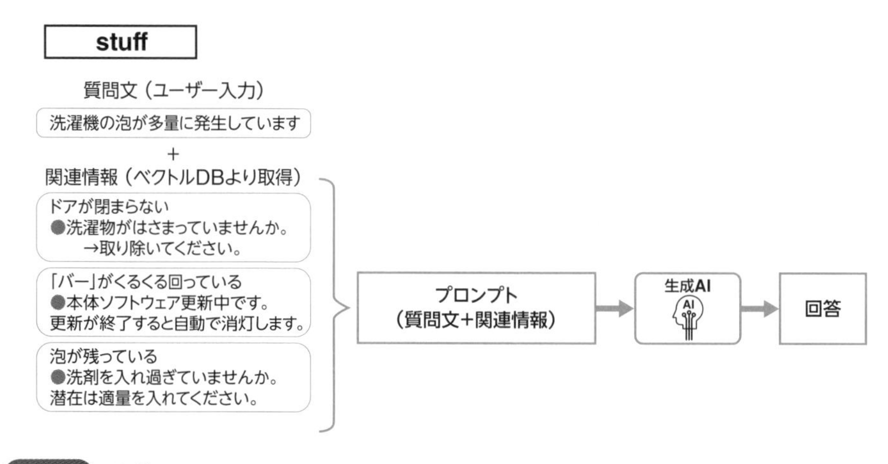

図6.13　stuff

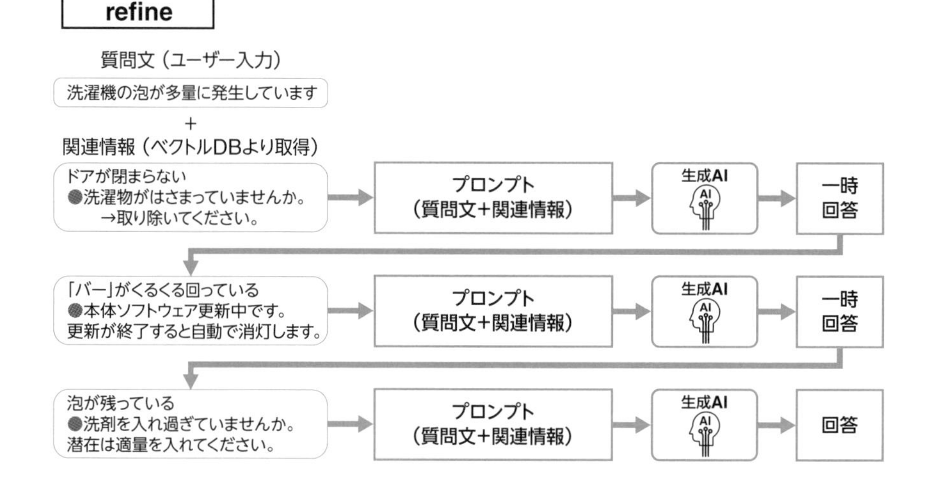

図6.14　refine

chain_typeに③のmap_rerankを指定すると、チャンク1つずつに回答に行ないます。このとき生成AIは、自身の回答にスコアを付けていて、最もスコアの高かった回答を最終回答として採用します。ただし、この方式はスコアを計算できる条件下でのみ可能であり、要約やQ&Aの用途では使用できない場合が多いので要注意です（図6.15）。

最後にchain_typeとして④のmap_reduceを指定するとしましょう。これはチャンク1つずつの回答を得た後、すべての回答を含めたプロンプトを作成し、もう一度生成AIに回答させる手法です（図6.16）。

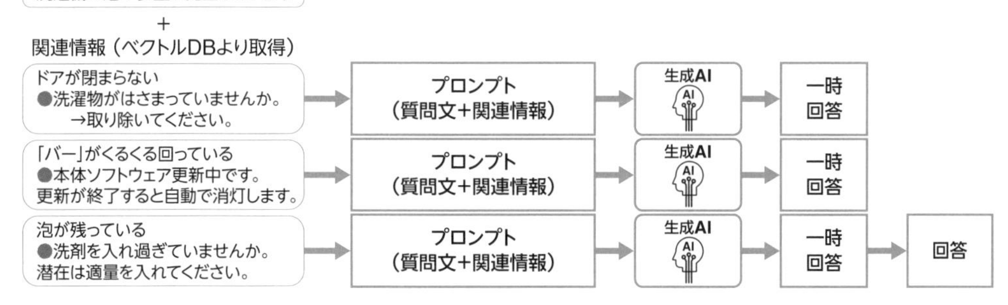

図6.15　map_rerank

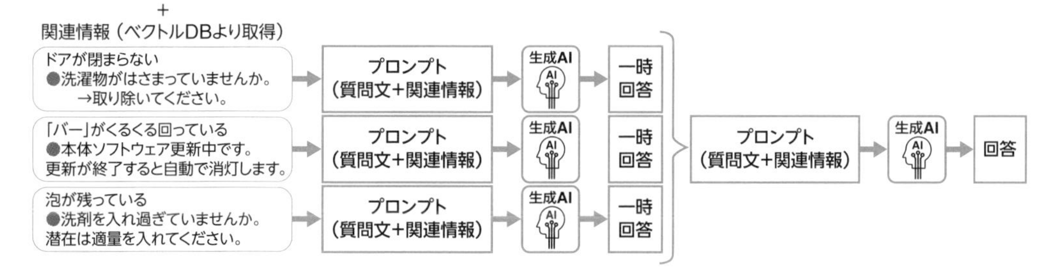

図6.16　map_reduce

4つの方法「stuff」「refine」「map_rerank」「map_reduce」は、それぞれ生成AIの呼び出し回数や、並列化の方法などが異なってきます。

次の例は、「map_rerank」を除いた3つの方法「stuff」「refine」「map_reduce」でQ&Aを行った例です。回答の仕方や回答時間が異なってくるので、状況に応じて最適な方法を選択してください。

chain_typeごとの回答の違い

【chain_type = stuffの場合】
【Question】: 泡が多量に発生しているときは、どうすればよいですか？
【Answer】: 洗剤を入れ過ぎると泡が多量に発生してしまうため、泡が多い場合は洗剤の量を減らしてください。取扱説明書の指示に従って適量の洗剤を使用してください。
【chain_type = refineの場合】
【Question】: 泡が多量に発生しているときは、どうすればよいですか？
【Answer】: 洗剤を入れ過ぎると泡が多量に発生してしまうため、以下の対処方法を試してみてください。

1. 洗剤の量を減らす：取扱説明書に記載されている適量を守って洗剤を入れてください。
2. 追加のすすぎ：洗濯機の設定によっては、追加のすすぎを行うことで余分な泡を取り除くことができます。
3. 手動で水を追加する：洗濯機の洗い・すすぎの途中で泡が多い場合は、一時停止して手動で水を追加することで泡を薄めることができます。

これらの対処方法を試しても問題が解決しない場合は、取扱説明書に記載されているサポート連絡先に問い合わせてください。

【chain_type = map_reduceの場合】
【Question】: 泡が多量に発生しているときは、どうすればよいですか？
【Answer】: 泡が多量に発生している場合は、洗剤の使用量を減らすことがおすすめです。洗剤を適量に減らしてください。

Step 3：生成AIの回答を返す

生成AIからの回答を表示する際に、ファイル名やページ番号などソース先の情報を合わせてユーザーへ返すと、回答の説得力が増します。

スクリプト6.6　生成AIからの回答をソース情報付きで表示する

```
# 回答を出力
chat_history.append((question, response['answer']))
print(f"【Question】: {question}")
print(f"【Answer】: {response['answer']}")
for i in range(Top_k):
    try:
        print(f"【Source_{i+1}】: ")
        print(" - 文書ファイル名:", response["source_documents"][0].
metadata["source"])
        print(" - ページ番号:", int(response["source_documents"][0].
metadata["page"])+1)
        text = response["source_documents"][0].page_content
        text = text.replace("¥n", "")
    except:
        pass
```

結果表示（抜粋）

```
【Question】: 泡が多量に発生しているときは、どうすればよいですか？
【Answer】: 洗剤を入れ過ぎると泡が多量に発生してしまうため、泡が多い場合は洗剤の量を減らしてください。取扱説明書の指示に従って適量の洗剤を使用してください。
【Source_1】:
  - 文書ファイル名: bd-sv120j_tc_a.pdf
  - ページ番号: 14
```

質問文に対して、納得感のある回答を出力することができました。ソース先の情報を確認すると、図6.17の以下の箇所を解釈し、回答していることが分かります。

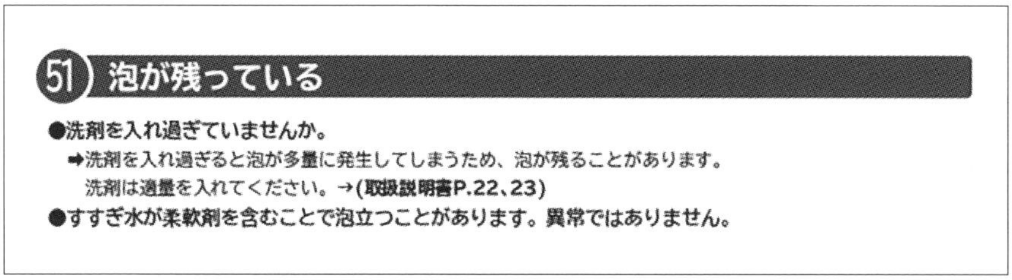

51 泡が残っている

●洗剤を入れ過ぎていませんか。
➡洗剤を入れ過ぎると泡が多量に発生してしまうため、泡が残ることがあります。
洗剤は適量を入れてください。→(取扱説明書P.22、23)
●すすぎ水が柔軟剤を含むことで泡立つことがあります。異常ではありません。

図6.17　回答の元となったドキュメント箇所

工夫ポイント④：複数のベクトルDBを切り替える

RAGを実業務で活用する場合、ベクトルDBを複数作成し、用途に応じて使い分けたいケースが出てきます。例えば、同じQ&Aシステムでも、社内ユーザー向けと社外ユーザー向けでは公開できる情報が異なってくるので、別々のドキュメントで作成したベクトルDBを作る必要が発生します。

このとき、従来のようにアクセス管理で切り替えたり、UI画面上でベクトルDBを選択できるようにするのが一般的です（図6.18）。ただ、生成AIを活用する場合に、「エージェント」というLangChainの機能を使えば、AIが自分で判断してベクトルDBを切り替えることも可能です。この機能をうまく活用することで、ユーザーインタフェースの簡略化や内部処理の負担軽減などが期待できます。

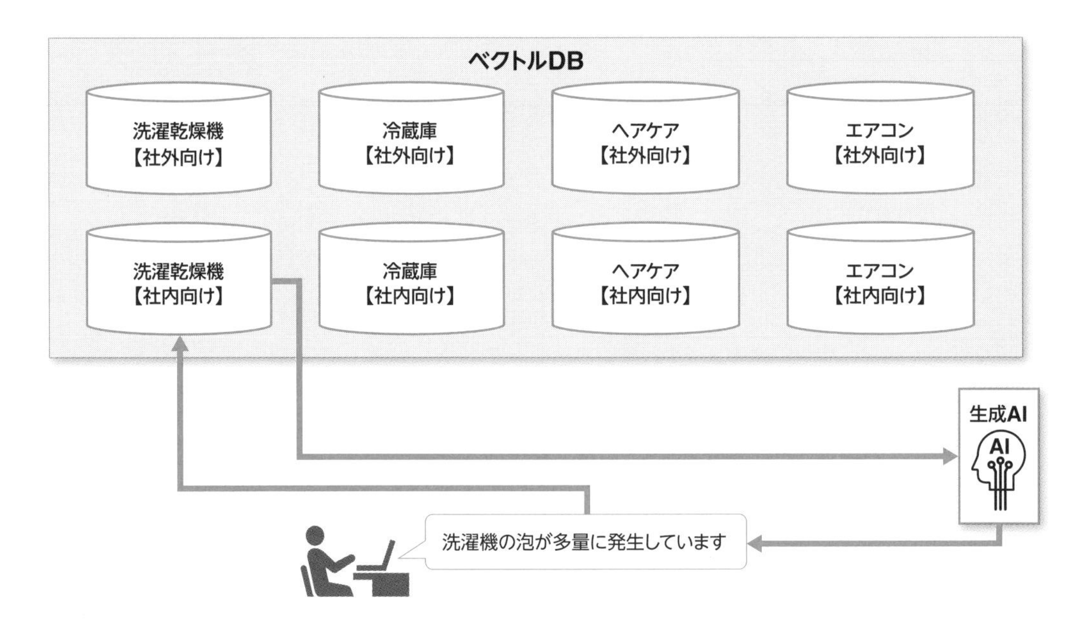

図6.18 エージェント機能を使ったベクトルDBの自動選択

Column

LLMのファインチューニング

ChatGPTなどの大規模言語モデル(LLM)が学習していない内容について回答させる方法として、本章ではRAGを利用しました。実はこのほかの選択肢として、「ファインチューニングを行う」という方法もあります。本コラムでは、ファインチューニングの概要と、なぜRAGを使っていたのかを簡単にご紹介します。

(1)ファインチューニングとは?

ファインチューニングを説明する前に、LLMの学習について簡単に説明します。LLMの学習には、大きく「事前学習」と「事後学習」の2フェーズがあります(図6.19)。

事前学習では大規模データを用いることで、広い範囲の言語理解能力や基礎的な知識を獲得します。学習期間は数週間から数カ月に及びます。また、そのモデルに特定ドメインの知識を獲得させたり、日本語などの言語に特化させたりすることも可能で、その方法を「追加事前学習」と言います。

一方、事後学習は、特定のタスクについての深い理解や知識を獲得させるためのものです。一般的に事後学習は事前学習に比べ、少ない学習データと、短い学習時間で済むと言われています。ここで説明するファインチューニングは事後学習に該当します。

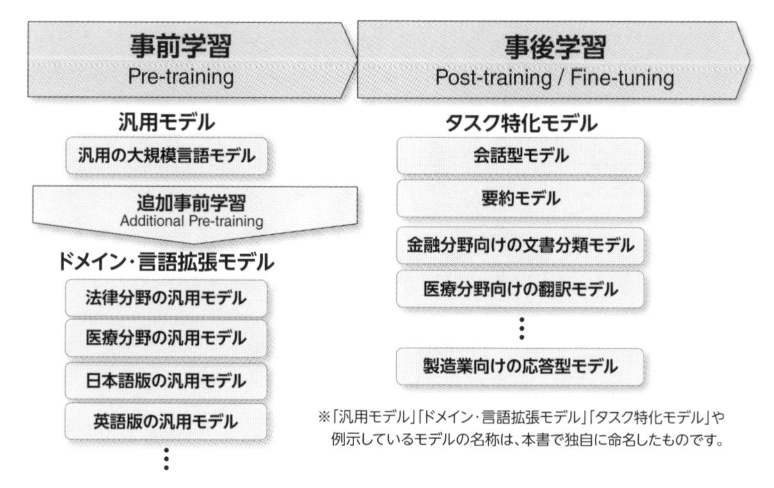

図6.19 LLMの学習フェーズ

ファインチューニングでは、「テキスト分類」「質問対応」「要約」「翻訳」などのタスクにモデルを特化させることができます。

例えば、「損害保険会社のコールセンターの問い合わせに回答するシステム」を作りたい場合、「損害保険に関する専門知識」「提供サービスに関するドキュメント」「応対マニュアル」「過去の応対履歴」などを使ってLLMをファインチューニングすることで、期待した回答文を生成できるようになります。

このとき、RAGで行っていた「検索(Retrieval)」という処理は不要になります。また、ファインチューニングによって、「専門用語を覚えさせる」「回答の言い回しや出力形式を変える」といったことも可能です。

(2)なぜRAGを使っていたのか?

ここまでの説明だと、「RAGなんてやらずに、ファインチューニングでいいじゃん」と思うかもしれません。しかし、現状ではいくつかの課題があります。

- **課題1**:ファインチューニングのノウハウ不足
- **課題2**:ハルシネーションの判断が困難
- **課題3**:情報が古くなる

課題1が現状で一番大きな問題になります。RAGでは比較的雑にデータを突っ込むこともできましたが、ファインチューニングでは、学習させたいタスクごとに専用のデータセットをしっかり準備する必要があります。また、どんなデータを何件くらい用意すれば良いのかでも悩むと思います。さらに、学習によって既存知識を忘れてしまうリスクもあります(破滅的忘却と呼びます)。このため、ファインチューニングによって、意図し期待したとおりに知識を追加したり上書きしたりするのは容易なことではありません。現状では方法が確立しきっていないので試行錯誤が必要です。

次に課題2についてですが、RAGは文書検索を行って、それを元に回答させる仕組みなので、参照元の文書名やページ番号を表示させることができます。このため、「回答は本当に合ってる?」と疑問に思ったときは、参照元文書の中身を確認すればハルシネーションが起こっているかどうかを確認できます。ところがファインチューニングでは、回答の根拠となった文書が分からないので、ハルシネーションの有無を確認するのが大変です。RAGの仕組みは複雑で面倒ですが、メリットもあるわけです。

最後の課題3は、情報の古さです。ファインチューニングでは学習時点のスナップショットのデータを用いるのに対し、RAGでは利用時の最新データを利用できるという違いがあります。ファインチューニングを毎日行えば差分を埋めることができますが、一般的にはそんな高頻度では行えないので、どうしても情報が古くなってしまうのです。なお、RAGでも知識DBを作る必要があるため多少情報が古くなりますが、追加・変更された文書だけ差し替えれば良いので、ファインチューニングほどは問題になりません。

以上のような課題があるため、現状ではファインチューニングよりもRAGを選択するケースが大半を占めます。また、「専門用語を覚えさせる」「言い回しや表現を変える」「出力形式を変える」といったことも、プロンプトエンジニアリングやRAGで実現できます。

(3) 今後はどうなっていくのか?

このコラムの内容は、あくまで本書執筆時点での見方です。前述の課題は近い将来、技術の進歩によって解決されていくと思われます。

例えば、BERTモデルではファインチューニングが一般的です。Transformersという便利なライブラリと、HuggingFaceサイト（https://huggingface.co/）での学習済モデルの共有の仕組みによって、個人が所有できるようなGPU環境でも普通に学習できます。これと同じようなことがLLMで起こっても全然不思議ではありません。今後、業界団体がドメイン特化型モデルを共同開発して無償公開したり、メモリー 10GBくらいのGPU環境があればファインチューニングできる技術が出てきたりする可能性もあります。そうなれば、「まだRAGなんてやってるの? いつの時代の話?」なんてことになるかもしれません。

また、直感的にも、特定タスク／特定ドメインの深い知識を獲得させたり、処理をより適切に行わせることに適しているのは、ファインチューニングの方だと思います。ただ、情報の古さの問題を解決するためには、RAGも組み合わせていくのかなと思います。つまり、ファインチューニングによって「ドメイン／タスク特化型LLM」を作りつつ、最新情報をRAG（インターネット検索を含む）によって補完する、そのような使い方が主流になるのではないかと想像しています。

筆者の予想が当たるかもしれませんし、全く予想外の未来になるかもしれません。今後これらの技術がどうなっていくのか非常に興味深いですし、楽しみです。私たち自身もこの革新的な分野に積極的に関与していきたいなと思っています。

社会インフラの維持・管理での活用

生成AIは私たちの社会や生活を支える社会インフラの維持・管理にも活用できます。本章ではテキスト生成だけでなく、画像生成なども活用した日立グループの取り組みを紹介します。

7.1 社会インフラの維持・管理が抱える業務課題

「社会インフラ」と聞いて、読者の皆さんはどういうものを想像しますか。社会インフラの範囲は広く、道路・鉄道・電力網・上下水道・発電所・空港・港湾など多岐にわたります。私たちの社会や生活を支える社会インフラの維持・管理は非常に重要です。一方で、社会インフラの老朽化は大きな社会課題となっており、国土交通省によると、今後20年間で、建設後50年以上経過する施設の割合が加速度的に高くなる見込みであると推定されています。こうしたことから、点検、補修・修繕に代表される維持管理の重要性が増しています。

以下に、社会インフラの維持・管理における主要な業務課題を列挙します。

●技術伝承

社会インフラの維持・管理現場では、少子高齢化と熟練者のリタイアに伴って、ノウハウの継承機会が減少しています。熟練者の暗黙知を形式知化し、技術伝承に活かしていくことが喫緊の課題となっています。

●迅速な合意形成

社会インフラのステークホルダは多様で、一般に建設／製造元、施設の運用企業、保守会社が異なります。また、担当部門も専門化し分散しています。こうしたなか、ステークホルダ間で迅速に合意形成・意思決定していくことが重要な課題です。

●情報アクセスのコスト

社会インフラに関連する書類は膨大に存在します。保守の方法や過去の保守事例を調べたいときに、該当する書類がどこにあり、また書類の中のどこに情報があるかを特定するのには時間を要します。このようにサイロ化した情報への効率的なアクセスは大きな課題です。

●現場・現物・現実に即した業務効率化

社会インフラの維持管理業務では、現場·現物·現実を重視する「三現主義」が尊重されます。常に現実世界のモノや人といった実体が中軸となるため、デジタル技術の導入にあたっても、現場に合わせた効果的なフィードバック方法の確立なくして、実際に運用可能なものにはなりえません。

7.2 生成AIの適用箇所

日立製作所では、こうした社会インフラの維持・管理に関わる課題の解決に向けて、メタバースと生成AIを活用することで、業務オペレーションを革新するプロジェクト「インダストリアルメタバース」を推進しています。特に鉄道やプラントなどの分野で培ってきた製造・制御・運用に関するOT（Operational Technology）ナレッジを仮想空間に埋め込み、リアルの現場だけでは困難な業務の効率化を実現しようとしています（図7.1）。

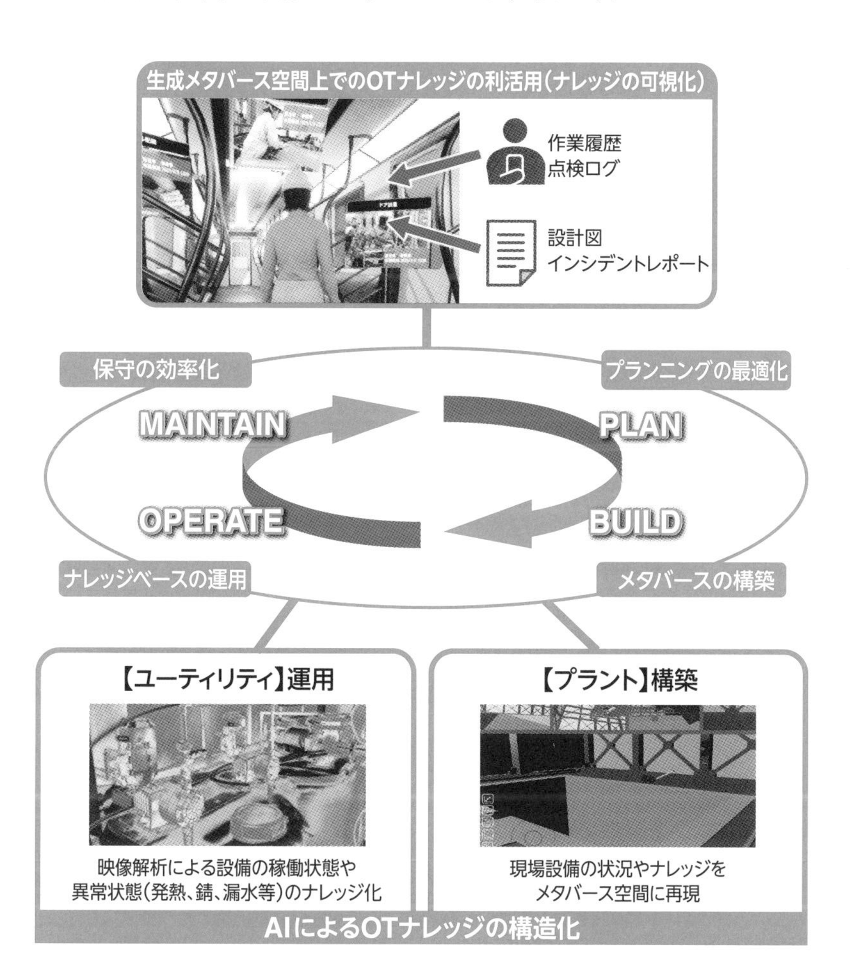

図7.1　インダストリアルメタバースの全体構想

具体的には、画像メモ／音声メモ、設計図やマニュアル、作業履歴、点検ログ、インシデントレポート、各種ノウハウなどといった業務情報を、仮想空間の三次元上の位置に紐づけて整理・可視化し、それを参照することで、製造・運用・保守現場における技術伝承や合意形成に活用します。そうしたメタバースに蓄積されたデータを取り出すためのHuman Computer Interaction（HCI）機構として生成AIを活用することで、情報アクセスの効率化につなげます。また、レアな異常事象を生成し、メタバースに参考データとして蓄積するために画像生成AIを活用します。

以下では代表的な3つのユースケースを紹介します。即ち、「設備異常の画像生成」、「鉄道メタバースでの活用」、「プラントメタバースでの活用」の3つです。

7.3 設備異常の画像生成

生成AIをレアな事象の生成に適用するユースケースについて説明します。

1番目の使い方は、どのようなタイプの異常を検出すべきかなど、関係者間での仕様や要件定義のすり合わせに活用するケースです。例えば、「コンクリートのヒビ割れを画像で検知したい」という要件があったとします。どのようなヒビを検知し、どの程度のヒビは検知対象外とすべきか等を議論していくことになりますが、一般に異常時の事例を蓄積するのは困難なので、なかなか合意形成に至りません。そこで、設備異常発生時の様子をAIに学習させ、典型的な現場の画像を生成させます。様々な画像を関係者間で共有し、「ここにヒビが発生した場合はこうなるはず」、「このくらいのヒビは検知してほしい」などのように議論しながら、視覚的に合意形成を促進していきます。

2番目の使い方としては、メタバースに蓄積したいデータが希少で得られない場合に、画像生成AIによって生成・蓄積して活用するケースです。例えば、線路上の火災や亀裂など、定期点検ではめったに遭遇しない異常発生時が該当します。そうした画像を共有することで、経験の浅い作業者でも、どのような状況が発生しうるのかが想像でき、また、どのように対応すべきかの体験学習を可能とします。

これらのユースケースを想定し、日立製作所ではStable Diffusionを活用して、試行錯誤しながら要件を検討するためのプロトタイプを試作しました(図7.2)。ベースとなる画像を左側

図7.2 「コンクリートのヒビ」に関する画像生成の結果(左：入力、右：生成画像)

※Stable Diffusionを利用。生成物はCreativeML Open RAIL-Mライセンス

第7章

に置き、ヒビを生成したい箇所をペンツールなどで描画して補助情報として与えることで、右側のように画像を生成することができます。

ベースとなる画像がそもそもない場合もあります。そうした場合は、以下の手順でゼロから画像を生成することも可能です。「線路からの発煙」の事例で説明します(図7.3)。

図7.3　「線路からの発煙」に関する画像生成結果(左：入力、右：生成画像)

※Stable Diffusionを利用。生成物はCreativeML Open RAIL-Mライセンス

①背景画像の生成(text-to-image)

プロンプトで指示を与えることで、ベースとなる背景画像を生成します。図7.3の事例では「railroad tracks, sleepers」(線路、枕木)のように指示して、線路の画像を生成しています。

②異常画像への変換(image-to-image)

Text-to-imageで生成した背景画像に対して、発煙を付与した画像に変換します。まず、発煙させたい領域を、マスク領域として与えます。図7.3の左側では、透過度の異なる2種類のマスク領域を設定しています。濃い白の領域が新たな要素に置き換える中心箇所、薄い白の領域が背景情報を保持して要素を自然に融合させる領域です。ここに、「white smoke rising」(白い煙が立ち上っている) というプロンプトを与えることで、右側のような画像を出力させることができます。

なお、このようにして生成した異常時の画像は、必ずしも物理的に正しいとは限らないので、業務経験豊富な専門家と議論しながら、「こうなるはずだね」と意識合わせをしたうえで活用していくことが重要です。

7.4 鉄道メタバースでの活用

生成AIを鉄道業で活用するユースケースについて説明します。鉄道の維持管理業務の対象は、車両・線路・架線など多岐にわたりますが、ここでは鉄道車両の保守作業を効率化することを考えます。日立製作所ではそうした活用をめざした「車両メタバース」を試作しました。日立の鉄道ビジネスユニットが有する車両製造時のCADモデルをベースとして3D空間を構築し、その中に設計／製造／運用／保守情報を蓄積し、多拠点・部門間で利活用できる取り組みを始めています。

図7.4は車両メタバース化の事例であり、ボールのような場所には設計情報や運用情報などが埋め込まれています。

図7.4　車両メタバース

車両メタバースに没入するための表示機構としては、PC、ヘッドマウントディスプレイ（HMD：Head Mounted Display）に加えて、図7.4のような専用の訓練設備も用意しています。訓練設備は高さ2メートル、奥行3メートル、横幅4メートルほどの大型ディスプレイに囲まれた空間です。この空間内にメタバースで再現した現場を表示することで、HMDなしで仮想空間にフィジカルに没入することができます。

生成AIは仮想空間から情報にアクセスし、利活用するためのHCIとして活用しています。例えば、音声指示によって情報を検索・可視化することで、直感的かつハンズフリーでのユーザーエクスペリエンスを実現しています。以下に、生成AIを活用した主要な機能を2つ紹介します。

7.4.1 生成AIによる3D空間の表示制御

1番目は、3D空間における表示制御や視点移動に生成AIを活用するものです(図7.5)。本機能は以下の手順によって実現しています。

①与えられた口頭指示を音声認識でテキスト化する
②指示対象に関連する知識の候補をDBから抽出する
③情報提示や、物体操作、視点移動など、関連する空間制御の選択肢を抽出する
④上記②と③の情報をプロンプトとしてまとめ、生成AIに入力して、メタバース空間の制御を行うための制御シーケンスを生成する
⑤メタバース空間の状態更新に反映する

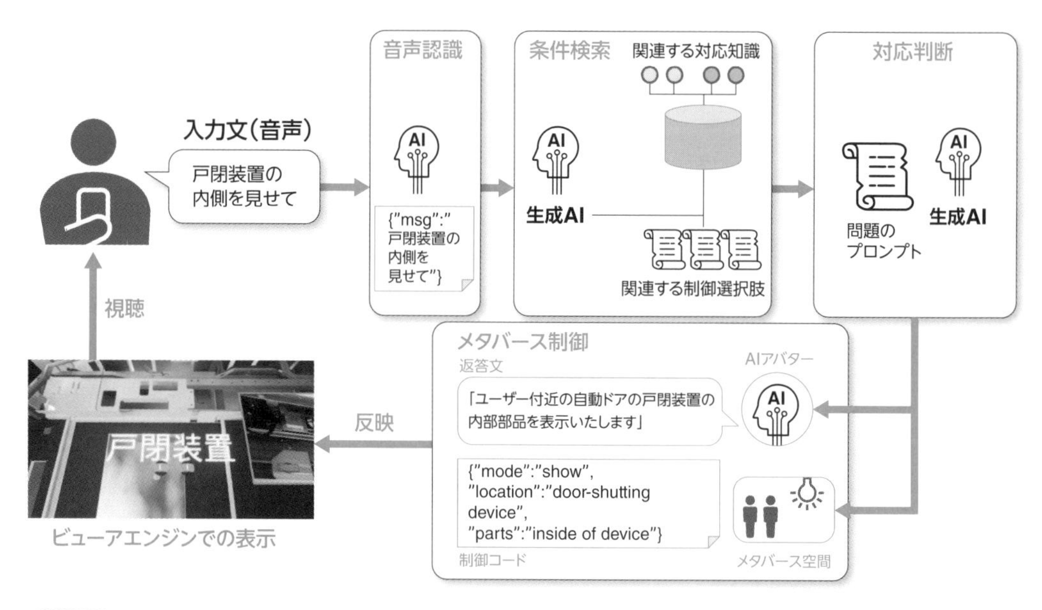

図7.5　生成AIによる3D空間の表示制御

この機能により、例えば、現物の車両では分解しないと確認できない戸閉装置の内部構造を、3D空間上で直感的に確認することができます。併せて、配線図、電気回路図、過去の点検画像などといった関連する書類も、近くに表示できるようになっています。

7.4.2 生成AIによるナレッジ検索

2番目は、メタバースに蓄積されたナレッジの中から、トラブル対応の方法を調べるものです。仮想空間上から音声や自然言語で生成AIに問い合わせすると、トラブル対策の応答文を回答してくれます。

図7.6の事例は、鉄道車両に搭載されたビールサーバーに不具合が生じた際に、その状況を生成AIに入力して、考えられる原因と対策を特定し、問題解決を図ろうとしている様子です。これは4.7節で説明したプロンプトエンジニアリングによって実現しています。ここでは「背景・文脈情報」として過去の報告書やトラブル対応事例を入力し、音声や自然言語の問い合わせから「内容」や「出力指示」に変換してプロンプトを構成しています。現状は簡易的な構成となっていますが、RAG、ファインチューニング、独自LLMの活用などによる一層の高度化が期待できます。

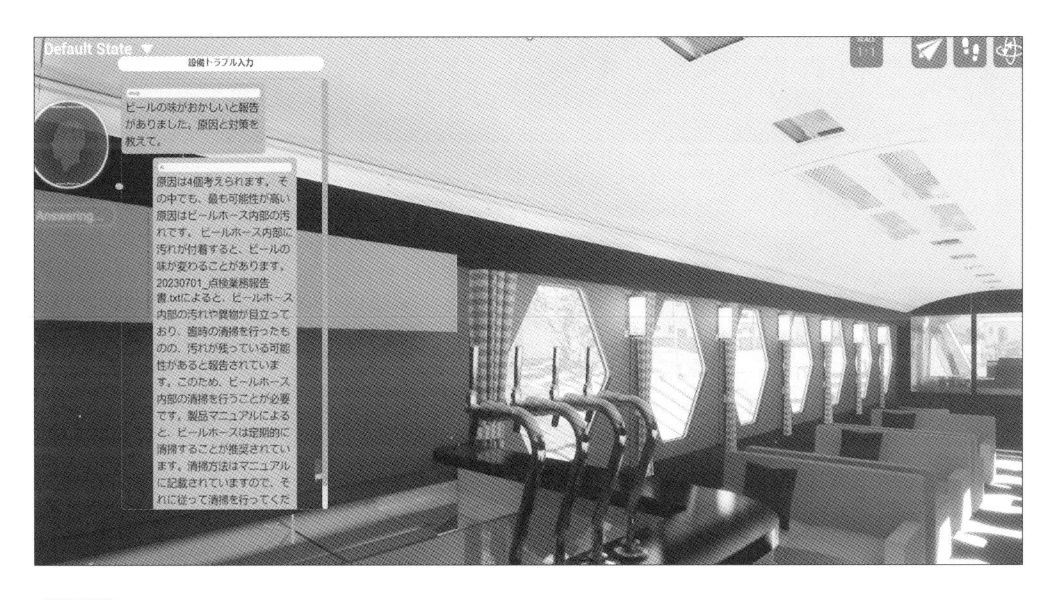

図7.6　生成AIによるナレッジ検索

7.5 プラントメタバースでの活用

生成AIをプラントの施工管理・運用保守に活用するユースケースについて説明します。

日立グループでは、施工時の最新状況や作業記録、関連文書などをメタバース上に蓄積し、関係者間で直感的に参照できるプロトタイプシステムを構築しました。これによって、本社の管理者や設計者、作業者が、遠隔地に居ながらにして現場の施工状況を参照でき、迅速な意思決定や合意形成につなげることができます。

生成AIを活用した主要な機能を紹介します。図7.7と図7.8では、人がAIに問いかけると、AIが文脈を理解しながら応答を返す対話型AIのインタフェースを通じて、過去のトラブル事例の問い合わせ応答を実現しています。この中では、図7.7のように「どの報告書に停電につながった事案の詳細が書いてある？」のように人が問いかけることで、AIが図7.8のように関連する報告書や、文書中の該当箇所を提示することができます。

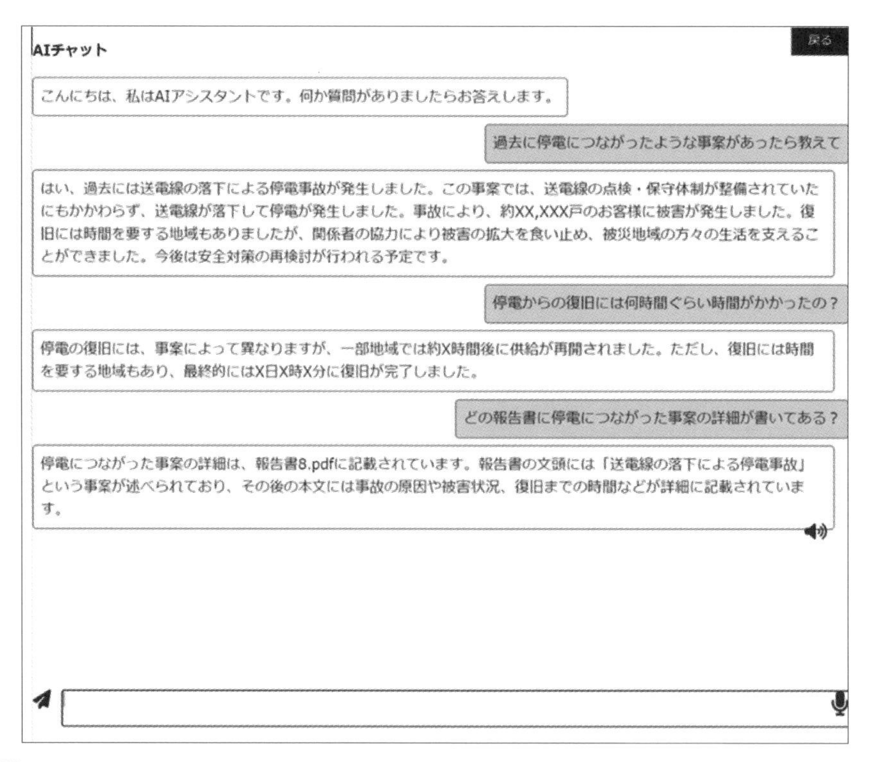

図7.7　対話型AIを用いた情報抽出の例（その1）

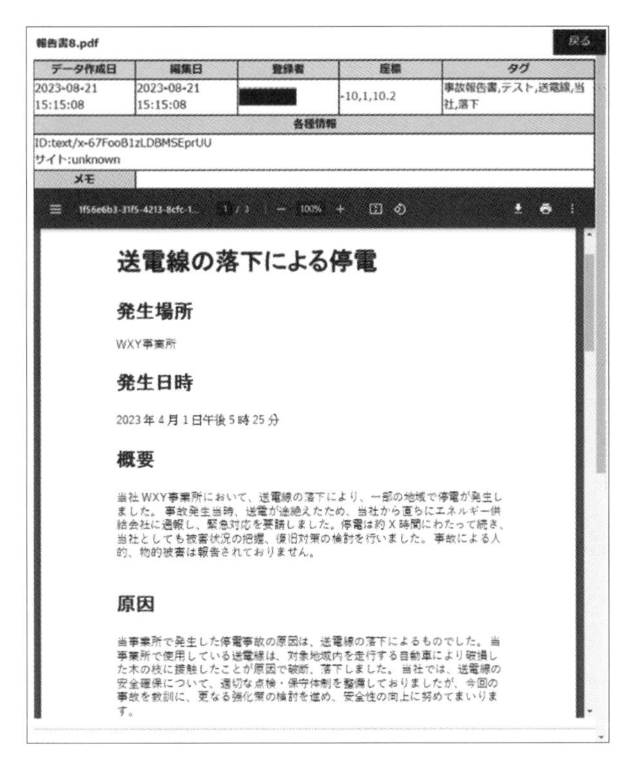

報告書8.pdf

戻る

データ作成日	編集日	登録者	座標	タグ
2023-08-21 15:15:08	2023-08-21 15:15:08		-10,1,10.2	事故報告書,テスト,送電線,当社,落下

各種情報

ID:text/x-67FooB1zLDBMSEprUU
サイト:unknown

メモ

送電線の落下による停電

発生場所

WXY事業所

発生日時

2023年4月1日午後5時25分

概要

当社WXY事業所において、送電線の落下により、一部の地域で停電が発生しました。事故発生当時、送電が途絶えたため、当社から直ちにエネルギー供給会社に通報し、緊急対応を要請しました。停電は約X時間にわたって続き、当社としても被害状況の把握、復旧対策の検討を行いました。事故による人的、物的被害は報告されておりません。

原因

当事業所で発生した停電事故の原因は、送電線の落下によるものでした。当事業所で使用している送電線は、対象地域内を走行する自動車により破損した木の枝に接触したことが原因で破断、落下しました。当社では、送電線の安全確保について、適切な点検・保守体制を整備しておりましたが、今回の事故を教訓に、更なる強化策の検討を進め、安全性の向上に努めてまいります。

図7.8　対話型AIを用いた情報抽出の例（その2）。図中の報告書は架空の報告書

また、研究開発中ですが、生成AIをHCIとして活用することで、メタバースに蓄積されたナレッジにアクセスし、保守作業を効率的に支援するIndustrial advisorというプロトタイプも開発しています（図7.9）。

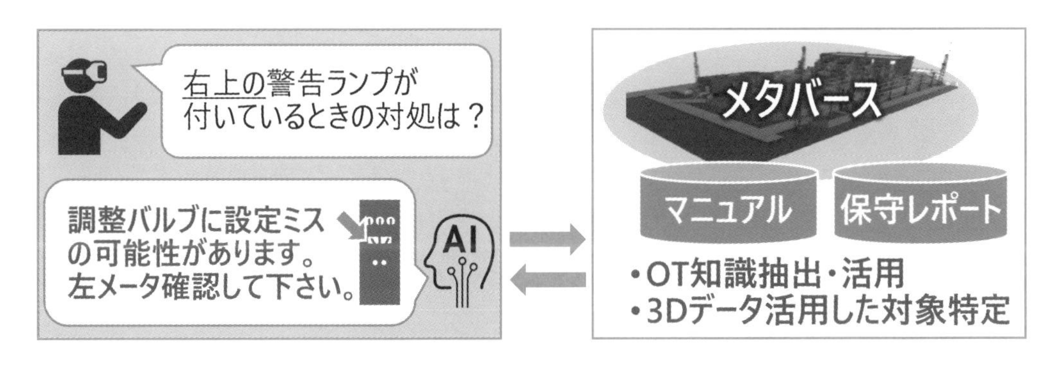

図7.9　プラントにおける生成AI活用の先行取り組み事例（Industrial advisor）

日々データを蓄積していくとデータ量が膨大になり、人手で確認しきることは困難です。そこで保守員が「今日登録されたデータの中で何か気になるところがあったら教えて」のように質問すると、5W1Hの情報とともに登録された現場の画像・映像・文書・音声・IoTデータなど多様な種類のデータを解析し、「このバルブ装置の油圧が徐々に基準値から逸脱し始めている点が気になります」のように回答を返してくれる機能を試作しました（図7.10）。

さらに、「右上の警告ランプが付いているときの対処法は？」のように、視覚情報と言語情報を複合的に活用した質問応答機能（VQA：Visual Question Answering）も検討中ですが、これには画像とテキストを統合的に扱えるマルチモーダルなモデルが必要となります。今後、より柔軟で直感的な情報抽出ができるように研究開発を進めていきます。

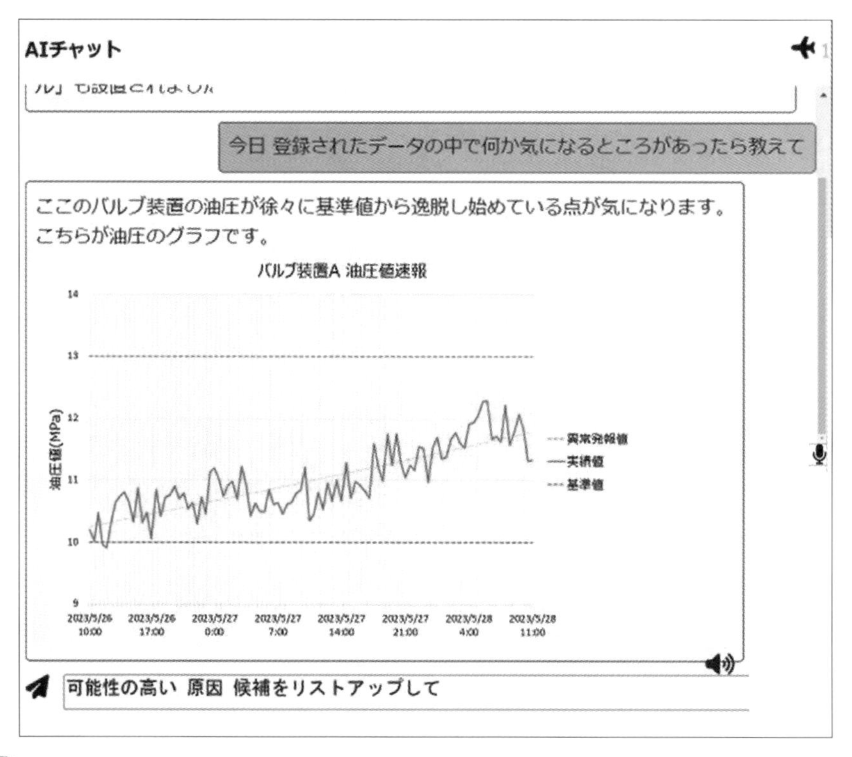

図7.10　Industrial advisorによる生成画面のイメージ

データサイエンティストによる活用

生成AIはデータサイエンティストの行う分析業務にも活用できます。本章では、データサイエンス業務の中での活用方法や利用例について説明します。

8.1 データサイエンティストの業務内容と課題

8.1.1 データサイエンティストの業務内容

生成AIはデータサイエンティストが行う業務にも活用でき、それによって業務を効率化したり、分析品質を上げたりすることができます。本章では、データサイエンス業務のなかで、どのようなプロセスやタスクにどう活用できるのかを説明していきます。

説明に入る前の前提として、「本章で扱うデータサイエンティストとは、どんな業務をする人なのか」を説明します。データサイエンティストには、ビジネス課題の解決に特化したアナリストタイプ、機械学習に特化したエンジニアタイプなどいろいろなタイプがあり、業務内容も異なります。ここで扱うのは、「データや分析技術を活用しつつ、顧客の持つビジネス課題の解決を目的とするタイプ」とします。

このタイプの場合、図8.1のようなプロセスでプロジェクトを進めていきます。各プロセスの概要は以下のとおりです。なお、本プロセスについては、本書の姉妹書『実践 データ分析の教科書』[1]に記載していますので、さらに詳しく知りたい方はそちらが参考になると思います。

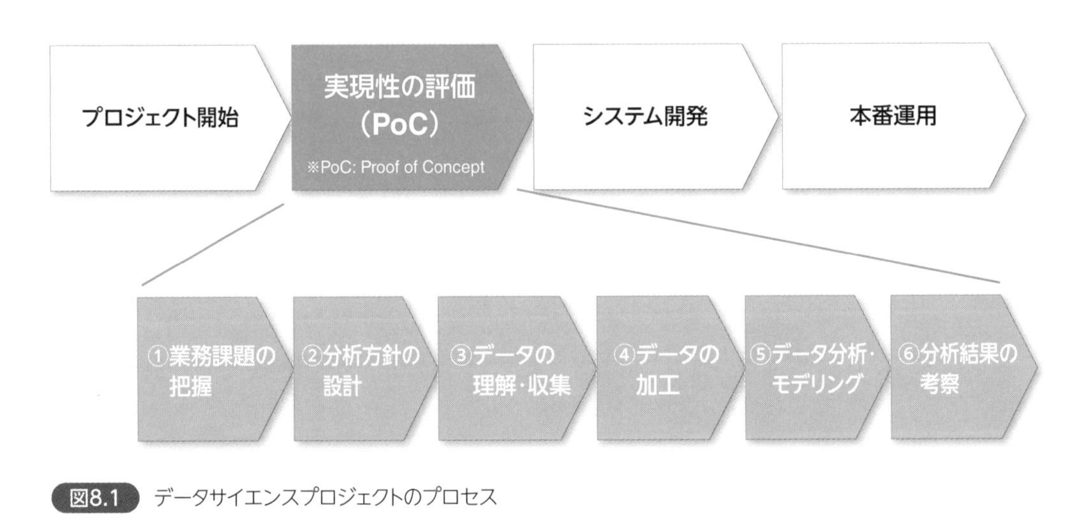

図8.1　データサイエンスプロジェクトのプロセス

1）株式会社日立製作所　Lumada Data Science Lab.監修『実践 データ分析の教科書』、ISBN978-4-86594-300-9、2021年8月リックテレコム刊

(1)業務課題の把握

対象とする業務と業務課題を理解・把握し、データサイエンスプロジェクトのゴールやスコープ、スケジュール、体制などを定義します。

(2)分析方針の検討

業務課題の解決に向けて分析方針を設計します。データ集計・可視化を中心に進めるケースもあれば、機械学習を用いて進めるケースもあります。機械学習の場合は、ここで目的変数や評価指標、バリデーション設計などを行います。

(3)データの収集・理解

設定した分析方針を踏まえて、データ分析に必要なデータを収集します。また、受領したデータを集計・可視化して、特徴や分布を確認します。

(4)データの加工

収集したデータを、データ分析に利用するために一定の形式へ加工します。また、欠損値や異常値があれば、必要に応じて欠損値補完や異常値補正などを行います。

(5)データ分析・モデリング

加工したデータをインプットとして、(2)で決めた分析設計に従って分析を進めていきます。機械学習で進める場合は、モデル学習や、精度改善のためのチューニングなどを行います。

(6)分析結果の考察

分析した結果を考察し、プロジェクトのゴールに対してどのような結果が得られるのかをまとめ、顧客に対して説明を行います。ここでシステム化・実用化すべきと判断できた場合は、システム開発や業務への適用フェーズに進めていきます。

上記の各プロセスをタスクに分解すると、表8.1のようになります。

表8.1　データ分析プロセスにおけるタスク

データ分析プロセス	タスク
業務課題の把握	業務の理解
	課題をヒアリングして、解くべき課題を明確化する
分析方針の検討	業務課題を、分析で解ける問題へと落とし込む
	分析の進め方を設計する
データの理解・収集	データの収集
	データの確認
データの加工	データの前処理
	仮説立案・データ加工（特徴量エンジニアリング）
データ分析・モデリング	データ分析（仮説検証、推定・検定など）
	モデル学習・チューニング
分析結果の考察	モデル・分析結果の考察
	報告書の作成・報告

8.1.2 データサイエンティストの抱える課題

前項のプロセスを進めていくなかで、大きく2つの課題があります。それが「分析品質の向上」と「分析作業の効率化」です。

まず「分析品質の向上」についてですが、分析プロセスやタスクは大まかに決まっていますが、これは誰がやっても同じ分析結果になるわけではありません。むしろ分析結果や品質は、データサイエンティストのスキルに大きく依存します。例えば、顧客の抱える業務課題を正しく把握できなければ、そもそも意味のない分析になってしまいますし、分析の技術力が足りなければ、モデルの精度を上げることはできません。如何にして分析の品質を上げるかは大きな課題です。

次に「分析作業の効率化」です。データ分析作業は、検討項目が多かったり、トライ＆エラーが必要なタスクがあったりするので、作業時間が長くなりがちです。しかし、当然ながらプロジェクトには時間の制約があるので、どうやって効率化するかも重要な課題です。

これらの課題を解決する手段の1つとして「生成AI」（テキスト生成）が有効です。次節では、どんな使い方があるのかを説明していきます。

8.2 データ分析プロセスでの適用箇所

8.2.1 データサイエンティストのレベルに応じた活用

各プロセスまたは各タスクを支援する手段として生成AIを活用できますが、活用の仕方はデータサイエンティストの技能レベルによって異なってきます。ここでは、まだ経験が浅く、熟練者の指導のもとで業務を推進する「初級データサイエンティスト」と、自分で考えて一人で業務を推進できる「独り立ちデータサイエンティスト」の2パターンを想定して説明します。

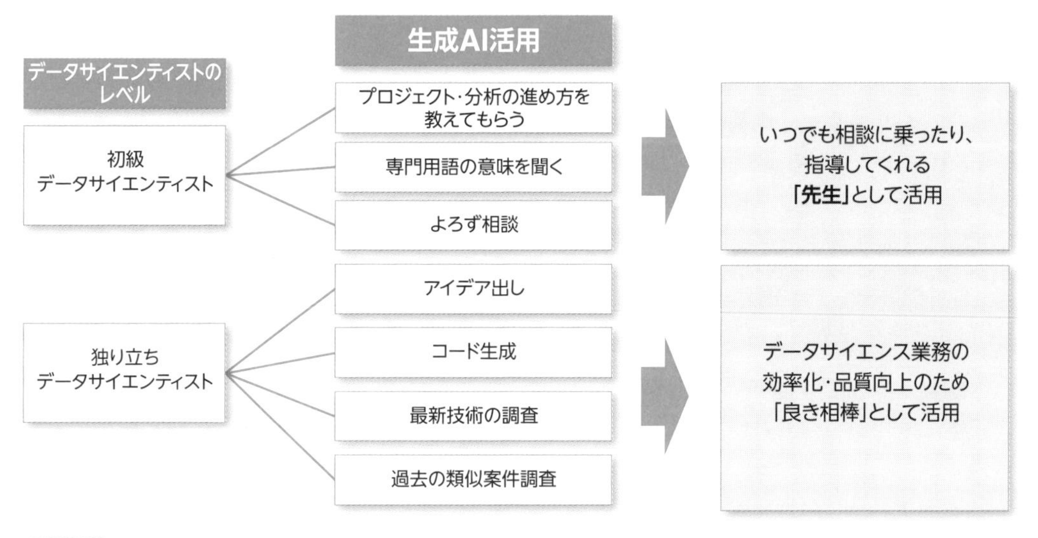

図8.2 データサイエンティストの技能レベルに応じた生成AI活用イメージ

まず初級データサイエンティストは、まだプロジェクトや分析の進め方が分かっていなかったり、専門用語の理解が不十分だったりします。それを生成AIに訊いて教えてもらうという使い方があります。職場の上司に訊くとなるとハードルがやや高いですが、生成AIならいつでも気兼ねなく質問できるのでとても便利です。いわゆる「先生」として使うことができます。

例えば、「教師あり学習の手順が知りたい」といった基礎的な質問であっても、生成AIなら以下のように丁寧に回答してくれます。

 教師あり学習の手順が知りたい

DS

教師あり学習をしたいのですが、どういう手順で進めたら良いですか？

教師あり学習を行うための一般的な手順は以下の通りです。これは一般的なガイドラインであり、具体的な問題やデータに応じて微調整する必要があります。以下は一般的なステップです。

1. データ収集:
学習モデルを訓練するために必要なデータを収集します。データは、タスクに関連する特徴量（入力データ）と、それに対応する正解ラベル（出力データ）で構成されます。

2. データ前処理:

（省略）

一方、独り立ちデータサイエンティストは、自分なりの進め方を確立しています。そのため、初級者のような使い方はあまり多くはないかもしれませんが、それ以外にも有効な使い方がいくつかあります。ここでは4点ほど紹介します。

1番目は「アイデア出し」です。仮説立案やモデルチューニングの方法を検討するときのアイデア出しにはテキスト生成AIがとても役立ち、優秀な相棒を持ったような感じで逐次相談しながら案件を進めることができます。

2番目は「コード生成」です。データを加工・集計・モデリングをするためのツールにはPythonを使うことが多いので、コーディングが必要です。生成AIがあれば、「○○○という処理をしたい」と抽象的な指示を出すだけで、それを実現するコードを作成してくれます。

3番目は「最新技術の調査」です。データサイエンスの分野にはどんどん新しい技術が出てくるので、情報をキャッチアップするために日々調査が必要です。生成AIに「インターネット検索機能」を組み合わせることで、情報を自動的に収集・要約してくれます。

4番目は「過去の類似案件の調査」であり、社内の過去のプロジェクトの知見を活用したいケースです。こちらは生成AIに「社内データ検索機能」を組み合わせることで実現できます。6.3節で説明したRAGを活用します。

このように独り立ちデータサイエンティストにとっては、一緒に分析作業をしてくれる「良き相棒」として生成AIを活用できます。分析品質を上げつつ、さらに作業時間も短縮できるという夢のようなツールと言えます。

8.2.2 タスク別の活用例

具体的にどんなタスクにどう活用できるかを示したものが表8.2です。このように、基本的には全てのプロセスとタスクで活用できます。また、これらもあくまで例であり、工夫すればさらにいろいろなタスクに活用できると思います。

表8.2 データ分析プロセスにおけるタスクへの活用例

データ分析プロセス	タスク	活用例
業務課題の把握	業務の理解	• 業務知識・ドメイン知識の補完、調査 • 企業・業界動向の最新情報の調査
	課題をヒアリングして解くべき課題を明確化	• ヒアリング項目の作成 • ヒアリング結果の整理 • 課題の整理
分析方針の検討	業務課題を分析で解ける問題に落とし込む	• 分析問題への落とし込み • 技術調査、論文要約
	分析の進め方を設計	• 分析設計の検討 • 過去の類似事例の検索
データの理解・収集	データの収集	• 収集すべきデータのリストアップ
	データの確認	• データの集計(コード生成) • データの可視化(コード生成)
データの加工	データの前処理	• 欠損値処理、異常値処理の検討(コード生成)
	仮説立案・データ加工(特徴量エンジニアリング)	• 仮説のアイデア出し • データ加工・特徴量生成のコード生成
データ分析・モデリング	データ分析(仮説検証、推定・検定など)	• 分析内容の検討(コード生成)
	モデルの学習・チューニング	• ベースラインモデルの作成(コード生成) • チューニングのアイデア出し(コード生成)
分析結果の考察	モデル・分析結果の考察	• 分析結果の考察 • システム化・本番適用の判断の叩き台作成
	報告書の作成・報告	• 報告書の目次・記載内容の案作成

Column

生成したコードの実行について

「生成AIで作成したコードは、生成AIの上で実行してくれるんだろう」と思っている方がいるかもしれませんが、素のChatGPTはPython実行環境を持っていません。知識をもとにコードを生成しているだけで、実行はしてくれません。

では、どこで実行するのかというと、別に用意したPython実行環境に生成コードを人手でコピー&ペーストして実行します。この環境はローカルPC上でも良いし、クラウド環境を利用しても構いません。

しかし、生成AIが作成したコードは、正常に動かずにエラーになることがあります。例えば、生成AIの想定していた環境とPythonやライブラリのバージョンが違うとか、実際のデータには欠損があるけれどコードでは考慮されていなかったとか、理由は様々です。

このような場合、そのエラーメッセージをコピー&ペーストして生成AIに入力すれば、対処方法を考えて修正版のコードを回答してくれます。修正版コードもエラーになることがありますが、これを繰り返していけば、大体の場合はエラーに対処できます。

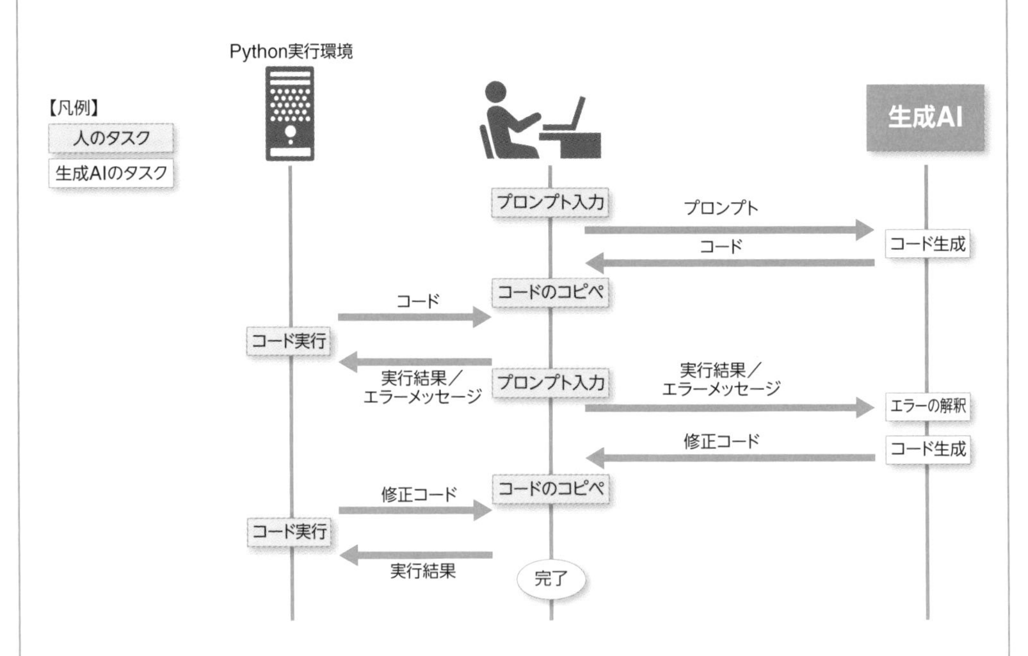

図8.3　生成コードの利用例1（人によるコード実行）

非常に便利ではありますが、このやりとりを繰り返していくのは面倒です。図8.3に示したように、人の手が何度も介入する必要があります。それを解決する方法がすでに提案され実現しています。

その方法とは、生成AIにエージェント機能を持たせ、生成AIが直接Python実行環境を呼び出し、生成したコードを実行するというものです。先ほどのやりとりを、「人を介さず」に生成AIとPython実行環境の間だけで完結してくれます（図8.4）。人は最初のプロンプトを入れるだけで、動作するコードと実行結果を得ることができるわけです。

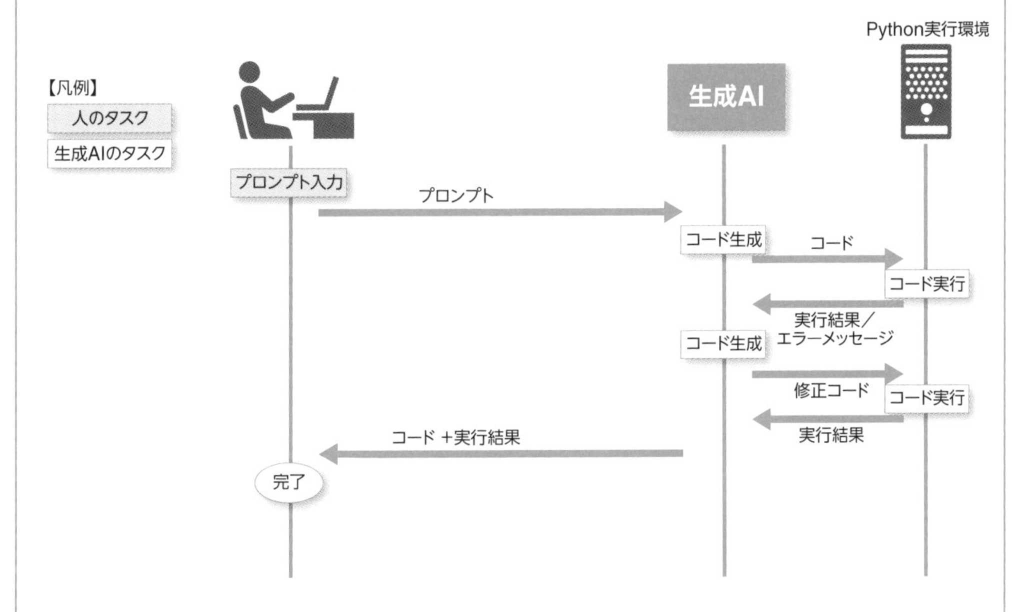

図8.4 生成コードの利用例2（生成AIがPython実行環境を直接呼び出す）

本書執筆時点（2023年12月）では、OpenAI社の提供する「Code Interpreter」（ベータ機能）や、オープンソースの「Open Interpreter」があります。「これぞAI」という感じで、最初実行したときはとてもワクワクしました。まだ実行環境のスペックが低いなどいくつかの課題はあるものの、将来的にはこのような使い方が主流になっていくんだろうなと思います。まだ使ったことがない方は是非一度触ってみてください。

第8章

8.3 データサイエンス業務への活用事例

前節で述べたタスク別の活用例について、あるデータサイエンスプロジェクトを設定して紹介していきます。

想定したプロジェクト概要

- 食料品の大手小売業者
- 直面している課題：生鮮食品の廃棄、品切れによる売上機会の損失
- 担当部署の責任者は、経営陣からの要請により、課題の対応に迫られているが、何をしたらいいか分からず困っている。データサイエンティストに頼めば解決してくれると期待して依頼してみた。

（データサイエンティストが依頼を受けた時点では、これ以上の情報はなく、業務の詳細や、利用可能なデータなどの情報は明らかになっていないとする。）

このプロジェクトはKaggle[2]の練習問題である「Store Sales - Time Series Forecasting」を参考にして作成しています。詳細は下記のURLを参照してください。

Store Sales - Time Series Forecasting
https://www.kaggle.com/competitions/store-sales-time-series-forecasting

以降では、できるだけ具体的に各ステップの活用例を説明していきますので、このプロジェクトに取り組むデータサイエンティストの気持ちになって読み進めてください。

8.3.1 ステップ1：業務課題の把握

最初のステップでは、まずは対象とする業務の内容や課題を聞き出して整理する必要があります。今回のケースでは以下のようなポイントに悩みがあるようです。

2）「Kaggle」とは、世界中で数多くのデータサイエンティストが参加している分析コンペティションのプラットフォームのことです。

- プロジェクトをどう進めたら良いか分からない
- 課題をどうやって聞き出したら良いか分からない
- 課題をどうやって整理したら良いか分からない
- 業務知識を持っていないので会話・議論について行けない

これらを生成AIに質問すれば、どう対処したら良いかを教えてくれます。

まずはプロジェクトの進め方から聞いてみましょう。今分かっている少ない情報だけでもそれなりの回答がもらえますし、情報の追加があれば、さらに具体的な回答を得ることができます。

例 プロジェクトの進め方の相談

DS

あなたは過去に多くのデータサイエンスプロジェクトを実施した経験のある、熟練のデータサイエンティストです。

これから下記プロジェクトのデータサイエンスプロジェクトを推進します。
プロジェクトはどのような工程で推進すれば良いでしょうか。

#プロジェクトの概要
大手食料品小売業者において、生鮮食品の廃棄や、品切れによる売上機会の損失を防ぐために、売上個数を正確に予測したい。

大手食料品小売業者のためのデータサイエンスプロジェクトを成功させるためには、次のような工程で進めることをお勧めします。

1. 問題の定義とプロジェクトの目標設定
プロジェクトの主な目的は、生鮮食品の廃棄と品切れによる売上機会の損失を減らすことです。
具体的な目標を設定し（例：廃棄率の20%削減、売上の5%増加など）、プロジェクトの成功基準を明確にします。

（省略）

次に、課題を明確化していくためには、どんな内容をヒアリングしたら良いのかを聞いてみましょう。

例 ヒアリング項目の相談

お客さまにヒアリングする必要があります。どんなヒアリング項目を設定したら良いでしょうか。

お客さまに対するヒアリングは、プロジェクトの成功に不可欠です。生鮮食品の売上予測の正確性を高めるために以下のようなヒアリング項目を設定すると良いでしょう。

顧客行動と需要に関する質問

1. 購買頻度: どのくらいの頻度で生鮮食品を購入しますか？
2. 購入する商品の種類: どの生鮮食品を一番よく購入しますか？
3. 購入量: 通常、一度にどれくらいの量を購入しますか？
4. 購買決定の要因: 購入する際、何を重視しますか？（例: 価格、品質、新鮮さ、ブランドなど）
5. 季節性の影響: 季節によって購入する商品や量に変化はありますか？

（省略）

こんな感じで質問していけば、必要な情報を得ることができます。1回の質問だけでは欲しい情報まで辿り着けなかった場合には、追加で要望を出していけばよいのです。

ただ、ここで注意すべき点は、「回答文をそのまま鵜呑みにして利用しない」ということです。これは本ステップに限らず、全てのステップに当てはまります。生成AIはあくまで一般論で回答しているので、実際の案件に合っていない可能性があります。また、ハルシネーションが発生して間違っている可能性もあります。そのため、生成AIの回答文をもとに自分で考えて、内容の真偽の確認や判断と、それをどうやって修正するかを考えてください。実は、この思考過程がデータサイエンティストとしてのスキルアップにもつながるので、「回答文をベースにしつつ自分で考える」という工程を大事にしてください。

本書では、分析の依頼主と会話・協議した結果、以下のような情報を得たと仮定します。以降のステップはこれらを前提にして進めていきます。

- ビジネス課題は、過剰入荷による食料品の廃棄、欠品による売上機会損失
- 取り組みたいことは、商品の需要予測
- 月の前半と後半に2回予測。月末に1日～15日、15日に16日～月末を予測する
- 予測値を踏まえて、商品の準備・運搬計画を立てる
- 予測単位は店舗ごとの商品単位(店舗数：54、商品数：33)
- モデルの評価指標はRMSLEとする（RMSLE：Root Mean Squared Logarithmic Error、予測値と実際の値の差をどのくらい正確に評価できているかを評価する指標）

8.3.2 ステップ2：分析方針の検討

課題を明確化したら、その課題を、データおよび分析技術で解ける問題へと落とし込んでいきます。この作業は、ビジネス課題に対する問題解決力に加え、データ分析技術についても知っていないと適切に進められない難しいタスクです。

まずは、ステップ1で明確化した内容をもとに、どういうアプローチで分析していけば良いかを質問してみましょう。

例 ヒアリング項目の相談

DS

下記のビジネス課題を解決するために、どういうアプローチで分析したら良いかをおしえてください。

#ビジネス課題
- 過剰入荷による食料品の廃棄、欠品による売上機会損失

#タスク
・取り組みたいことは、商品の需要予測
・月の前半と後半に2回予測。予測する範囲は半月分(約15日)
・予測したら半月分の商品の作成・運搬計画を立てる
・予測単位は店舗ごとの商品単位(店舗数：54、商品数：33)
・モデルの評価指標はRMSLEとする(RMSLE：Root Mean Squared Logarithmic Error)

では、分析のアプローチ方法を教えてください。

商品の需要予測を行い、過剰入荷と欠品を最小限に抑えるためのアプローチ方法は、以下のステップに従うことがおすすめです。

1. データの収集:
過去の売上データや在庫データ、天候データ、祝日データなど、需要に影響を与える要因に関するデータを収集します。このデータは、過去のトレンドとパターンを分析するのに役立ちます。

2. データの前処理:
収集したデータをクリーニングし、欠損値や外れ値を処理します。また、必要に応じてデータの正規化やスケーリングを行います。

3. 特徴エンジニアリング:
モデルの入力として使用する特徴量を選択または生成します。例えば、過去の売上履歴や季節性、プロモーション情報などが有用な特徴として考えられます。

(省略)

また、この作業を進めていく際に、どんな点に注意したら良いのかも聞いてみましょう。

例 分析設計を進める上で注意すべきことは何か

下記の分析を進める上で、注意しないといけない点はありますか？
データの観点、分析設計の観点、train/validの分け方、リークの観点、などについて整理して書いてください。

分析の概要
- ビジネス課題は、過剰入荷による食料品の廃棄、欠品による売上機会損失
- 取り組みたいことは、商品の需要予測
- 月の前半と後半に2回予測。前半は1日～ 15日、後半は16日以降
- 予測したら半月分の商品の作成・運搬計画を立てる
- 予測単位は店舗ごとの商品単位（店舗数：54、商品数：33）
- モデルの評価指標はRMSLEとする（RMSLE：Root Mean Squared Logarithmic Error）

出力形式
- 観点1
  - xxxxx
- 観点2
  - xxxxx

では始めてください。

この分析の概要に基づいて、以下の観点で注意すべき点を整理しました。

観点1: データの観点

1. データの完全性と品質:
- すべての店舗と商品に関するデータが完全であることを確認する必要があります。欠損データや誤ったデータは予測精度に大きな影響を及ぼす可能性があります。

2. 過去のデータの利用:
- 過去の売上データ、在庫データ、廃棄データなどが予測の精度を高めるために重要です。時系列の変動や季節性も考慮に入れる必要があります。

3. 外部データの検討:
- 天候、祝祭日、地域イベントなどの外部データも需要予測に影響を与えるため、可能な限り取り入れることを検討します。

（省略）

生成AIの大規模データを用いた知識獲得により、予想以上に良い感じの回答をしてくれています。この結果を踏まえつつ、このステップで明確化すべき事項を決定していきます。

以上により、ステップ2の結果として以下のような設計になったと仮定します。

- 利用データ：過去の売上データ、祝日データ、店舗の属性データ、商品の属性データ
- 予測モデルは機械学習の「教師あり学習」を活用
- 時系列予測なので変動や季節性も考慮する
- 目的変数：店舗ごとの商品単位の売上個数
- 説明変数：データを加工して説明変数を作成していく
- 評価指標：RMSLE

それでは次のステップに進めます。

8.3.3 ステップ3：データの収集・理解

分析設計が決まったら、実際の現場データを受領し、中身を確認する作業を行います。そのためには、どんなデータを収集するか、それをどういう観点で見ていくかを決めます。

では、生成AIにどんなデータが必要かを聞いてみましょう。

例 どんなデータを集めたら良いかを考えてもらう

DS　どんなデータを収集して利用したら良いでしょうか。

食料品の大手小売業者が生鮮食品の廃棄と品切れに関する問題に対処するためには、以下のようなデータの収集と利用が有効です。これらのデータを分析することで、需要の予測、廃棄率の削減、品切れの予防などにつながる洞察を得ることができます。

1. 販売データ:
・商品別の販売量(日次、週次、月次など)
・価格変動とプロモーションのデータ
・時間帯別、曜日別、季節別の販売パターン

2. 在庫データ:
・各商品の在庫レベル
・入荷と出荷の記録
・商品の回転率(どのくらいの速さで在庫が売れるか)

3. 廃棄データ:
・廃棄された商品の量と種類
・廃棄の理由(賞味期限切れ、品質低下など)

・廃棄される時間帯やパターン

(省略)

生成AIを使わない場合、データサイエンティスト自身がその業界のドメイン知識を持っているか、過去に似たような案件を手がけた経験がないと、適切なデータを列挙するのは難しいです。今回は、生成AIが大量のデータを使って学習しているのか、良い感じの回答をしてくれました。

この生成AIの回答を参考にしつつ、実際にどのようなデータを受領するかを決定し、業務担当者にデータを準備してもらいましょう。今回の例では、以下のファイルが手に入ったとします。

表8.3　受領ファイル一覧

ファイル名	ファイルの概要
train.csv	過去の売上個数データ。日ごとに、店舗単位の商品の売上個数がデータ化されている
test.csv	推論したいデータのリスト。半月分の日×店舗×商品のレコード。売上個数のカラムはダミーの数値が入っている。この数値を予測したい
stores.csv	店舗データ
holidays_events.csv	カレンダー情報。祝日など

次に、受領したデータを確認します。どんな観点で集計・可視化したらよいかをAIに相談してみましょう。プロンプトにファイルの一部を貼り付けると、より具体的な回答をもらえます。

例 どんなデータを集めたらいいかを考えてもらう

DS

データを集計して、データの中身を確認したい。
どんな観点で集計・可視化をしたらいいかを教えてください。
また、集計・可視化する理由も併せて教えてください。

train.csvのデータ概要 (先頭3レコード)
id,date,store_nbr,family,sales,onpromotion
0,2013-01-01,1,AUTOMOTIVE,0.0,0
1,2013-01-01,1,BABY CARE,0.0,0

2,2013-01-01,1,BEAUTY,0.0,0

カラムの説明
- id: ユニークな番号
- date: 日付
- store_nbr: 店舗ID
- family: 商材カテゴリー
- sales: 販売個数
- onpromotion: 販促活動の有無

出力形式
No	利用カラム	方法	理由
x	xxx	xxx	xxx
x	xxx	xxx	xxx
x	xxx	xxx	xxx

では始めてください。

データの集計と可視化は、データの理解を深め、分析における洞察を得るために重要です。以下に、集計・可視化する際のいくつかの重要な観点と、それらを行う理由を示します。

利用カラム	方法	理由
date, sales	時系列グラフ	売上の時間的なトレンドや季節性を把握するため。周期的なパターンや異常値の存在を識別することができる。
store_nbr, sales	店舗ごとの売上集計と比較	各店舗のパフォーマンスを比較し、店舗間の売上のばらつきを理解するため。
family, sales	商品カテゴリーごとの売上集計と比較	どの商品カテゴリーがよく売れているか、またその変動を把握するため。
date, store_nbr, sales	日付と店舗ごとの売上のヒートマップ	各店舗での売上の時間的な分布を視覚化し、特定の期間や店舗の売上の傾向を把握するため。
date, sales	移動平均線のプロット	短期的な変動を滑らかにし、長期的なトレンドをより明確に把握するため。
sales	箱ひげ図	売上の分布、中央値、四分位範囲、外れ値を視覚的に理解するため。
date, sales	日別、週別、月別の集計と比較	時間スケールによる売上の変動を把握し、日次、週次、月次の売上パターンを分析するため。

これらの集計・可視化手法を用いることで、データに含まれるパターンや傾向を深く理解し、需要予測モデルの構築に必要な洞察を得ることができます。また、これらの分析は、データの品質チェックや事前の仮説検証にも役立ちます。

さらに、これらの集計・可視化を実現するためのPythonコードを作成してもらいましょう。

例 欠損値を調べるためのコードを作ってもらう

欠損値の数を集計するためのPythonコードを書いてください。

欠損値の数を集計するためのPythonコードは、Pandasライブラリを使用して簡単に記述できます。以下はその例です：

まず、Pandasをインポートし、CSVファイルからデータを読み込みます：

```
import pandas as pd

# CSVファイルを読み込む
df = pd.read_csv('train.csv')
```

次に、各カラムの欠損値の数を集計します：

```
# 各カラムの欠損値の数を集計
missing_values_count = df.isnull().sum()
print(missing_values_count)
```

このコードは、train.csvからデータを読み込み、各カラムの欠損値の数を出力します。欠損値がない場合は、各カラムで0が表示されます。

例 データ集計のコードを作ってもらう

集計するためのPythonコードを書いてください。

集計するためのPythonコードを書くには、まず集計したいデータの種類や方法を決定する必要があります。例えば、日付ごと、店舗ごと、または商品カテゴリーごとの売上合計を求めたい場合などです。以下に、いくつかの一般的な集計方法のサンプルコードを示します。

1. 日付ごとの売上合計

```
import pandas as pd

# CSVファイルを読み込む
df = pd.read_csv('train.csv')

# 日付ごとの売上合計を集計
```

```
sales_per_day = df.groupby('date')['sales'].sum()
print(sales_per_day)
```

2. 店舗ごとの売上合計

```
# 店舗ごとの売上合計を集計
sales_per_store = df.groupby('store_nbr')['sales'].sum()
print(sales_per_store)
```

（省略）

例 データ可視化のコードを作ってもらう

可視化するためのPythonコードを書いてください。

可視化するためのPythonコードを作成する際には、matplotlibやseabornといったライブラリがよく使われます。以下に、いくつかの一般的な可視化の例を示します。ここでは、提供されたデータの構造に基づいて、日付ごとの売上、店舗ごとの売上、商品カテゴリーごとの売上、および販促活動の有無による売上の比較を可視化します。

まず、必要なライブラリをインポートします：

```
import pandas as pd
import matplotlib.pyplot as plt
import seaborn as sns

# CSVファイルを読み込む
df = pd.read_csv('train.csv')
```

1. 日付ごとの売上可視化

```
# 日付ごとの売上を集計
sales_per_day = df.groupby('date')['sales'].sum()

# 可視化
plt.figure(figsize=(10,6))
plt.plot(sales_per_day)
plt.title('Daily Sales')
plt.xlabel('Date')
plt.ylabel('Sales')
plt.xticks(rotation=45)
plt.show()
```

2. 店舗ごとの売上可視化

```
# 店舗ごとの売上を集計
sales_per_store = df.groupby('store_nbr')['sales'].sum()

# 可視化
plt.figure(figsize=(10,6))
sns.barplot(x=sales_per_store.index, y=sales_per_store.values)
plt.title('Sales per Store')
plt.xlabel('Store Number')
plt.ylabel('Total Sales')
plt.xticks(rotation=45)
plt.show()
```

（省略）

動かないコードが生成されることもありますが、エラーメッセージをコピーして生成AIに対処方法を聞いてみれば、どう対処したら良いかも教えてくれます。非常に便利です。

8.3.4 ステップ4：データの加工

データの確認が終わったら、次にデータの加工を行います。主なタスクは、「データの欠損値処理」、「データの異常値処理」、「特徴量エンジニアリング」です。特に試行錯誤が必要なタスクなので、アイデア出しの使い方が有効です。

ここではこれらの作業のうち、特徴量エンジニアリングにフォーカスして説明します。特徴量エンジニアリングでは、仮説を立ててそれに基づいて特徴量（説明変数）を作成するという方法が一般的です。そのため、まずは仮説出しをしてもらいましょう。

例 仮説のアイデア出し

どんなことが販売数の予測に効くかを想像して、こういうのは効くだろうという仮説を考えてください。
ただし、利用できるファイルは以下。

```
# 利用できるファイル
- train.csv
- test.csv
- stores.csv
- holidays_events.csv
```

```
# train.csvのデータ概要 （先頭3レコード）
id,date,store_nbr,family,sales,onpromotion
0,2013-01-01,1,AUTOMOTIVE,0.0,0
1,2013-01-01,1,BABY CARE,0.0,0
2,2013-01-01,1,BEAUTY,0.0,0

# test.csvのデータ概要 （先頭3レコード）
id,date,store_nbr,family,onpromotion
3000888,2017-08-16,1,AUTOMOTIVE,0
3000889,2017-08-16,1,BABY CARE,0
3000890,2017-08-16,1,BEAUTY,2

# stores.csvのデータ概要 （先頭3レコード）
store_nbr,city,state,type,cluster
1,Quito,Pichincha,D,13
2,Quito,Pichincha,D,13
3,Quito,Pichincha,D,8

# holidays_events.csvのデータ概要 （先頭3レコード）
date,type,locale,locale_name,description,transferred
2012-03-02,Holiday,Local,Manta,Fundacion de Manta,False
2012-04-01,Holiday,Regional,Cotopaxi,Provincializacion de
Cotopaxi,False
2012-04-12,Holiday,Local,Cuenca,Fundacion de Cuenca,False
```

では仮説を可能な限り列挙してください。

提供されたデータを基にして、販売数の予測に影響を与える可能性がある要因に関する仮説をいくつか列挙してみましょう。

1. 店舗の属性に関する仮説

- 店舗の場所（都市、州）：都市部の店舗は地方の店舗と比べて売上が高い可能性がある。
- 店舗のタイプとクラスター：店舗のタイプやクラスターによって売上に違いが出る可能性がある。例えば、一定のクラスターの店舗は他のクラスターよりも高い売上を示すかもしれない。

2. 日付関連の仮説

- 季節性：特定の季節や月は他の時期と比べて売上が高いかもしれない（例：夏季、冬季、休暇シーズン）。
- 特定の日付：休日や特別なイベントのある日は通常の日に比べて売上が増加する。

3. 販売促進活動に関する仮説

- 販促活動：販促活動が行われている商品は販促活動がない商品に比べて売上が高い。

4. 商品カテゴリーに関する仮説

- 商品カテゴリー：特定の商品カテゴリー（例：食品、美容製品）は他のカテゴリーよりも一貫して高い売上を示す。

5. 祝日やイベントに関する仮説
・祝日やイベントの影響：公的な休日や地域のイベントは、通常の営業日に比べて売上に影響を与える。例えば、特定の休日には売上が増加する。

これらの仮説は、データ分析の出発点として有用です。データ探索を通じてこれらの仮説を検証し、需要予測の精度を向上させるための洞察を得ることができます。また、特徴工学においても重要で、モデルが売上のパターンをより適切に捉えるのに役立ちます。

初期の検討材料として十分な情報を得ることができたのではないかと思います。これをもとにデータサイエンティスト自身で検討しても良いですし、さらに生成AIに追加質問して、追加でアイデアをもらったりもできます。知識や経験が必要なタスクだからこそ、経験が少ないデータサイエンティストにとっては有用な使い方になります。

また、考えてもらった仮説から、それを実現するPythonコードを書いてもらいましょう。

例 仮説をもとにPythonコードを作成

下記の仮説を具体化するような、Pythonコードを作成してください。

仮説
- 特定の日付：休日や特別なイベントのある日は通常の日に比べて売上が増加する。

仮説「特定の日付において、休日や特別なイベントのある日は通常の日に比べて売上が増加する」という仮説を検証するためのPythonコードは、以下の手順で作成できます。

まず、必要なライブラリをインポートし、train.csv と holidays_events.csv ファイルを読み込みます。
次に、train.csv のデータから日付ごとの売上総額を集計します。
holidays_events.csv のデータを利用して、休日およびイベントの日付を特定します。
休日およびイベントの日とそうでない日の売上を比較するためのグラフを作成します。

以下はこの手順に従ったサンプルコードです：

```
import pandas as pd
import matplotlib.pyplot as plt

# CSVファイルを読み込む
df_sales = pd.read_csv('train.csv')
df_holidays = pd.read_csv('holidays_events.csv')

# 'date'列を日付型に変換
df_sales['date'] = pd.to_datetime(df_sales['date'])
```

```
df_holidays['date'] = pd.to_datetime(df_holidays['date'])

# 日付ごとの売上合計を集計
daily_sales = df_sales.groupby('date')['sales'].sum()

# 休日およびイベントの日付を抽出
holiday_dates = df_holidays['date'].unique()

# 休日およびイベントの日の売上とそうでない日の売上を比較
daily_sales_holiday = daily_sales[daily_sales.index.
isin(holiday_dates)]
daily_sales_regular = daily_sales[daily_sales.index.
isin(holiday_dates)]

# 可視化
plt.figure(figsize=(12, 6))
plt.plot(daily_sales_holiday, color='red', label='Holiday
Sales')
plt.plot(daily_sales_regular, color='blue', label='Regular
Sales', alpha=0.3)
plt.title('Comparison of Sales on Holidays vs Regular Days')
plt.xlabel('Date')
plt.ylabel('Total Sales')
plt.legend()
plt.show()
```

このコードは、休日や特別なイベントの日と通常の日の売上を比較し、仮説が成立しているかどうかを視覚的に検証するために使用できます。ただし、このコードは基本的な分析のみを行うため、より詳細な分析や統計的な検証が必要な場合は、さらに複雑な手法の適用が必要です。

このような感じで、生成AIと相談しながら進めていきます。データサイエンス業務のなかでも、生成AIが一番活躍できるタスクではないかと思います。いくらでもアイデア出しに付き合ってくれますので、納得いくまで続けることができます。

8.3.5 ステップ5：データ分析・モデリング

データ加工と特徴量生成が終わったら、次に販売個数を予測するモデルを作成します。ここでは、まずはデータ読み込みからモデル学習・推論までの一連の流れを実行する「ベースラインモデル」を作成し、そのあとで精度改善をするための「チューニング」を行っていくことにします。

まずは「ベースラインモデル」を生成AIに作ってもらいましょう。

例 ベースラインモデルの作成

DS

以下のファイルを用いてモデルの学習・推論をするためのコードを生成してください。
最初に作成するモデルのため、まずはシンプルな「ベースラインモデルの作成」としてください。
ただし、「Code Interpreter」は利用せず、コード作成のみとしてコード実行はしないでください。

利用ファイル
- train.csv
- test.csv

train.csvのデータ概要（先頭3レコード）
id,date,store_nbr,family,sales,onpromotion
0,2013-01-01,1,AUTOMOTIVE,0.0,0
1,2013-01-01,1,BABY CARE,0.0,0
2,2013-01-01,1,BEAUTY,0.0,0

test.csvのデータ概要（先頭3レコード）
id,date,store_nbr,family,onpromotion
3000888,2017-08-16,1,AUTOMOTIVE,0
3000889,2017-08-16,1,BABY CARE,0
3000890,2017-08-16,1,BEAUTY,2

条件・留意事項
- 目的変数は売上個数
- 予測対象日の売上個数を予測するのに使っていい変数は「16日よりも前の売上個数」。それ以降の売上個数は利用不可。これによって半月先まで適用できる予測モデルを作る。
- 予測対象日の年月日や曜日のデータはすでに確定しているので利用していい
- train/validの分割では、間違って未来データを使ってリークしないように注意する
- fold数は5個
- モデルは重回帰モデル
- 説明変数は2個：16日前の売上個数、曜日

分析プロセス
1. データの読み込み
2. データの加工
3. データセットの作成
4. 時系列を加味したtrain/validの分割
5. trainデータを用いたモデル学習
6. testデータの読み込み・加工
7. testデータを用いた推論

ではははじめてください。

了解しました。売上予測のためのシンプルなベースラインモデルを作成するコードを以下に示します。このコードはPythonで記述されており、PandasとScikit-learnを主に使用します。なお、データの加工には日付の処理が含まれます。重回帰モデルを用いて、16日前の売上個数と曜日を特徴量として利用します。

```
import pandas as pd
from sklearn.model_selection import TimeSeriesSplit
from sklearn.linear_model import LinearRegression
from sklearn.metrics import mean_squared_error
import numpy as np
from datetime import timedelta

# データの読み込み
train_df = pd.read_csv('train.csv')
test_df = pd.read_csv('test.csv')

# データの加工
# 日付を datetime 型に変換
train_df['date'] = pd.to_datetime(train_df['date'])
test_df['date'] = pd.to_datetime(test_df['date'])

# 曜日を追加 (月曜=0, 日曜=6)
train_df['weekday'] = train_df['date'].dt.weekday
test_df['weekday'] = test_df['date'].dt.weekday

# 16日前の売上データを追加
train_df = train_df.sort_values(by=['date', 'store_nbr', 
'family'])
train_df['sales_lag_16'] = train_df.groupby(['store_nbr', 
'family'])['sales'].shift(16)

# 欠損値を含む行を削除
train_df.dropna(inplace=True)

# 時系列を加味した train/validation 分割
tscv = TimeSeriesSplit(n_splits=5)
for train_index, val_index in tscv.split(train_df):
    train, val = train_df.iloc[train_index], train_df.iloc[val_
    index]

    # モデル学習
    model = LinearRegression()
    features = ['sales_lag_16', 'weekday']
    model.fit(train[features], train['sales'])

    # Validation データに対する予測
    val_predictions = model.predict(val[features])
```

第8章

```
    print(f'Validation MSE: {mean_squared_error(val["sales"],
    val_predictions)}')

# test データの加工
# 16日前の日付を計算
test_df['date_lag_16'] = test_df['date'] - timedelta(days=16)

# train データから必要な売上情報を抽出
sales_lag_data = train_df[['date', 'store_nbr', 'family',
'sales']].rename(columns={'date': 'date_lag_16', 'sales':
'sales_lag_16'})
test_df = pd.merge(test_df, sales_lag_data, on=['date_lag_16',
'store_nbr', 'family'], how='left')

# test データを用いた推論
test_predictions = model.predict(test_df[features])

# 結果を保存する場合
# test_df['sales_prediction'] = test_predictions
# test_df[['id', 'sales_prediction']].to_csv('predictions.csv',
index=False
```

このコードは基本的なフレームワークを提供していますが、実際のデータや目的に応じて調整が必要です。たとえば、特徴量エンジニアリングやハイパーパラメータのチューニングなどが考えられます。また、未来データのリークを防ぐために時系列分割を行っています。

適切な指示さえすれば、ベースラインモデルを作成するまでのコードを作ってくれるはずです。しかし、1回のプロンプトでは期待したコードになっていない場合が多々ありますし、今回のように若干微妙なコードになる場合もあります。このような場合、追加で指示を与えて生成AIに修正してもらうか、自身で修正していきます。(経験上では、ベースラインモデルのコードを完璧に作るプロンプトを書くことの方が難易度は高いと感じました。このため、叩き台を作ってもらうにとどめ、細部は自身でコードを書いた方が結果的に早いと思います。)

ベースラインモデルの作成ができたら、次に「チューニング」を行います。過去の経験やアイデア出しが重要なタスクなので、このタスクも生成AIが活躍する使い方です。

例 チューニングのアイデア出し

DS

モデルの精度を向上させたいのですが、どのような方法があるか教えてください。
「特徴量エンジニアリング」「モデルチューニング」の観点で、データや仮説を踏まえて具体的に列挙してください。
また、列挙した改善施策は、「改善効果」「実施難易度」をもとに優先順位付けしてください。

モデルの精度向上には「特徴量エンジニアリング」と「モデルチューニング」が重要です。提供されたデータと売上予測という目的を踏まえて、具体的な施策を以下に列挙し、それぞれの「改善効果」と「実施難易度」に基づいて優先順位を付けます。

特徴量エンジニアリング

1. 時間的特徴の追加

説明: 年、月、日、曜日、祝日、季節などの時間的特徴を追加します。これらは売上に周期的な影響を与える可能性があります。

改善効果: 高

実施難易度: 中

優先順位: 1

2. 過去の売上統計量

(省略)

モデルチューニング

1. ハイパーパラメータの最適化

- 説明: 重回帰モデルの場合、正則化パラメータ（リッジ回帰やラッソ回帰の場合）の最適化が考えられます。また、他のモデルを使用する場合は、それらのハイパーパラメータの最適化が必要です。
- 改善効果: 中
- 実施難易度: 中
- 優先順位: 5

2. 異なるモデルの試行

(省略)

優先順位のまとめ

1. 時間的特徴の追加
2. 過去の売上統計量
3. 休日前後の影響
4. 製品や店舗の特性
5. ハイパーパラメータの最適化
6. 異なるモデルの試行

これらの施策は、改善効果が高く実施難易度が低いものから順に実施することをお勧めします。ただし、実際のデータセットの内容やビジネス要件に応じて、優先順位を調整することが重要です。また、特徴量エンジニアリングとモデルチューニングは並行して実施することも可能です。

例 チューニングのアイデア出し

全部試したけど、モデルの予測精度が上がりませんでした。
どうしたら良いでしょうか。

モデルの予測精度が期待通りに上がらない場合、以下のステップで問題の特定と解決策の検討を進めることができます。

1. データの再確認

・データの質：データに含まれるノイズや異常値が予測精度に影響を与えていないか確認します。外れ値の検出と処理を慎重に行ってください。
・データの量：予測モデルが十分なデータ量を必要とする場合があります。データが不足している場合は、より多くのデータを収集することを検討します。

2. 特徴量の再検討

・特徴量の相関：特徴量間の相関をチェックし、高い相関を持つ特徴量があれば削減を検討します。
・情報量の少ない特徴量：あまり情報を含んでいない、またはモデルにとって無関係な特徴量が含まれていないか再検討します。

3. モデルの適切性

（省略）

4. 評価方法の見直し

（省略）

5. プロセスの見直し

（省略）

モデルの精度向上はしばしば試行錯誤のプロセスを必要とし、一度に大きな改善が見られないこともあります。データ、モデル、プロセスの各側面を慎重に検討し、可能な限り多くのアプローチを試すことが重要です。また、外部の専門家やコミュニティとの相談も有効な手段です。

ステップ4同様、精度改善のためのアイデア出しとコード生成に好きなだけ付き合ってくれるので、目標値に達するまで何度もトライ＆エラーを繰り返してみてください。また、意外と基本に立ち返った見直しポイントをアドバイスしてくれるので、回答をもとに改善計画を立てていくとよいと思います。

8.3.6 ステップ6：分析結果の考察

最後に、分析モデルの精度評価や、分析結果の考察・説明を行います。それをもとに、本番適用する価値があるかどうかを判断し、価値があると判断した場合、システム開発や運用といったフェーズへ移行します。

それでは、達成したモデル精度を入力して、本番適用できそうかを考えてもらいましょう。

例 分析結果を踏まえた考察

予測モデルを作った結果、下記のような結果でした。
この結果をもとに、業務に適用できるかを検討・考察してください。
また、追加で情報が必要であれば、それを考えて列挙してください。

評価指標の値 (RMSLE)
- これまでの運用時：RMSLE = 0.70
- 今回学習したモデル利用時：RMSLE = 0.425

予測モデルの評価結果に基づく考察として、以下の点を挙げます。

モデルの業務適用に関する考察

1. 性能の向上：
 - 今回のモデルは、以前運用されていたモデルに比べてRMSLEが0.425と大幅に改善されています。これは予測の精度が向上していることを意味し、実業務に適用することで、より正確な需要予測が可能になります。
2. 意思決定への影響：
 - 予測精度の向上は、在庫管理、廃棄率の削減、売上機会の最大化など、多くの業務プロセスに肯定的な影響を与える可能性があります。
3. リスクの評価：
 - 新しいモデルを実業務に適用する前に、どの程度の予測誤差が許容されるのか、その影響を業務に及ぼす可能性のあるリスクを評価することが重要です。

追加で必要な情報

1. 長期的な性能評価：
 - モデルの性能が時間経過とともにどのように変化するかを評価する必要があります。季節性や市場の変動による影響を考慮することが重要です。
2. 異なるシナリオでのテスト：
 - 特定のイベント（祝日、セールなど）や異常気象時のデータを含む様々なシナリオでモデルをテストし、その性能を評価します。
3. 業務プロセスへの統合：
 - モデルの予測結果を既存の業務プロセスにどのように統合するか、その実装計画を検討します。
4. ステークホルダーへの説明：

・モデルの予測結果とその意味を非技術的なステークホルダーに説明できるような報告やプレゼンテーションが必要です。

これらの考察と追加情報の収集を通じて、新しいモデルの業務への適用を慎重に評価し、計画的に進めることが重要です。モデルの性能だけでなく、実際の業務への影響や統合の実現可能性を考慮することが成功への鍵となります。

最後に、どういう報告書を作成したら良いかも相談してみましょう。

例 報告書の記載内容の相談

分析結果と考察を踏まえて、システム開発や本番運用を判断する責任者へ説明する資料を作成する必要があります。
より良い判断となるようなプレゼン資料の構成を考えてください。
プレゼン時間は15分、スライド10枚以内とします。

対象者
- システム開発や本番運用を判断する責任者
- マネージャーレベルの人
- 技術的なことは詳しくない

判断の観点
- システム開発や本番運用にあたっては売上向上・コスト削減が重要

出力内容
- スライド構成
- 各スライドの概要、アピールポイント

では始めてください

15分間のプレゼンテーションに適した、10枚以内のスライド構成を以下のように提案します。この構成は、マネージャーレベルで技術的な詳細を詳しくない方向けに、重要なビジネス上のポイントを簡潔に伝えることを目的としています。

1. タイトルスライド
(省略)

2. アジェンダ
(省略)

3. 現在のビジネス環境と課題
- 現在のビジネスプロセスの概要
- 現在直面している主要な課題

- アピールポイント: 課題を明確にし、解決の必要性を強調する。

4. 新しい予測モデルの目的
- モデル開発の背景と目的
- 期待されるビジネス上の影響
- アピールポイント: モデルがどのようにビジネス目標に貢献するかを強調する。

5. モデルのパフォーマンスと改善点
- 新しいモデルと既存モデルのパフォーマンス比較
- 改善された指標(RMSLEなど)の説明
- アピールポイント: 数値データを用いて、モデルの優位性を具体的に示す。

6. ビジネスへの具体的な影響
- 売上向上とコスト削減の具体的な見込み
- 成功事例やケーススタディ（可能なら）
- アピールポイント: 実用性とビジネス価値を強調する。

7. システム開発と本番運用の計画
- 開発フェーズと本番運用への道のり
- 必要なリソースと時間枠
- アピールポイント: 実現可能な計画と明確なステップを提示する。

(省略)

このような生成AIの意見を参考にしつつ、修正・カスタマイズした報告書を作成しましょう。依頼主と直接会話しているのはデータサイエンティスト自身ですから、相手の心に響きそうなスライドにカスタマイズしましょう。

以上が、今回想定したデータサイエンスプロジェクトに生成AIを活用した事例です。参考になりましたでしょうか。

8.4 データサイエンス業務に役立てるために必要なこと

データサイエンティストの方は、前節で説明したことを参考にして、自身の業務に応用してみてください。すでに一人でデータ分析を進めることができる人であっても、生成AIは何かしらの助けになってくれると思います。

ただ、その効果を十分に発揮するには、2つの条件があります。

- データサイエンス業務に適したプロンプトの作成(適切かつ具体的な指示が大事)
- 出力結果が正しいかどうかを見極める力(間違うこともあるので鵜呑みにしない)

つまり、生成AIがあるからといって、「データサイエンティストの既存スキルは不要にはならない」ということです。

また、それに加え、生成AIの力を引き出す「使いこなし技術」も重要なスキルとなります。使い方が下手なら効果も薄くなります。これはデータサイエンス業務に限らず、どの業務に生成AIを活用するときも同じです。最大限に効果を引き出したいなら、積極的に活用して、自身の「使いこなしスキル」を磨いていきましょう。

Column

今後のデータサイエンティスト業務

本節で紹介した活用方法は、現時点での著者の活用案と方法です。データサイエンスプロジェクトのプロセスは今後もあまり変わりないと思いますが、生成AIの進化により、分析作業のやり方は大きく変わっていくのではないかと想像します。

例えば、人は自然言語で指示をするだけになり、Pythonコードを一切書かないようになるかもしれません。個人的にはコードを書くことが好きなので、少し寂しい気もしますが、それによってよりよい分析結果が得られるのであれば、非常に結構なことだと思います。現状の枠や常識にとらわれず、変化を恐れず、ついて行きたいと思っています。今後どうなっていくのか楽しみです！

最後におまけですが、図8.5に著者の考える活用像を描いておきます。現時点でもパーツはある程度揃っているので、「データサイエンティスト特化プロンプト」、「データサイエンス特化型LLM」、「データサイエンス特化型コード生成LLM」を作成し、専用UIを作れば、便利な分析ライフを実現できそうです。夢は広がりますね。

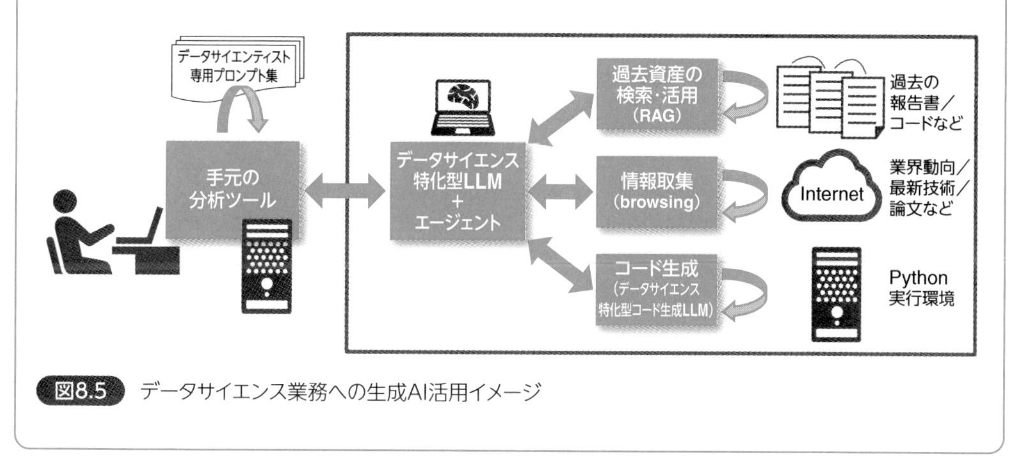

図8.5　データサイエンス業務への生成AI活用イメージ

最終章

生成AIの未来

本書の締め括りとして、今後、生成AIがどう企業の中で使われていくのか、未来像を紹介します。

9.1 さらなる進化と広がる用途

9.1.1 マルチモーダル化の進展

2023年9月にOpenAI社からGPT-4Vの提供が開始されました。従来のテキストベースのChatGPTに画像解析および音声出力を持たせたマルチモーダル対応になります。画像解析を加えたマルチモーダルとしては、以下のような使い方が考えられます。

- **一般業務**：図や表、グラフなどをそのまま入力できる
- **システム開発**：システム構成図やフローチャート、UIのデザインなどを入力できる
- **工場・製造現場**：設備の図面等を入力できる

また、音声出力が加わったことで、あたかも人間同士で会話しているかのようなインタフェースが普及していくと想定されます。工場や製造現場などではキーボードを用いた操作が難しい場合も多く、音声インタフェースが浸透しやすいのではないかと考えます。

9.1.2 AIアバターの進展やロボットへの組み込み

労働力不足の解消、および非接触・非対面サービスの提供に向けて、AIアバターやロボットの導入が進むのではないかと考えられます。マルチモーダルな生成AIを用いて、ロボットやデジタルサイネージ、さらにはメタバース空間などと組み合わせることで、いままでよりも柔軟なコミュニケーションを実現できます。

一つ、私たちの中で試作したものがあるのでご紹介します。日立製作所の執行役常務 デジタルエンジニアリングビジネスユニットCEO谷口潤さんがお客さま向けのイベントで登壇した際に、谷口さんの写真や声を活用して、「デジタル谷口さん」を作成しました（図9.1）。以下のツール群を使い、入力した文章を、谷口さんの声で自由にしゃべらせることができます。ツールの使い方に慣れていれば、かなりスピーディーに作成できる時代になりました。

- **文章生成**：ChatGPT
- **画像生成**：Adobe Photoshop（本人の写真を入力）
- **音声生成**：CoeFont（本人の声をサンプリングして入力）

図9.1 「デジタル谷口さん」

- **動画生成**：Stable Diffusion

これらの技術が進展することで、本人の代わりに、特定の人になりきったAIアバターにしゃべらせることができるかもしれません。一方で、巧妙ななりすましやフェイク動画が簡単に作成できてしまうため、今後はそれらの対策にも注力していく必要があります。

9.1.3 用途特化型生成AIの普及

2023年時点では、ChatGPTを代表とする汎用的な生成AIが主流ですが、今後は銀行、保険、地方自治体、製造業など、業種別の専門用語・ドメイン知識を加えた用途特化型生成AIに分かれてくるはずです。さらにそれが発展し、企業別、個人別の生成AIに進んでいくと考えられます（図9.2）。それぞれの利用者にとって、より使いやすく、精度の高い生成AI環境が整っていくのではないでしょうか。

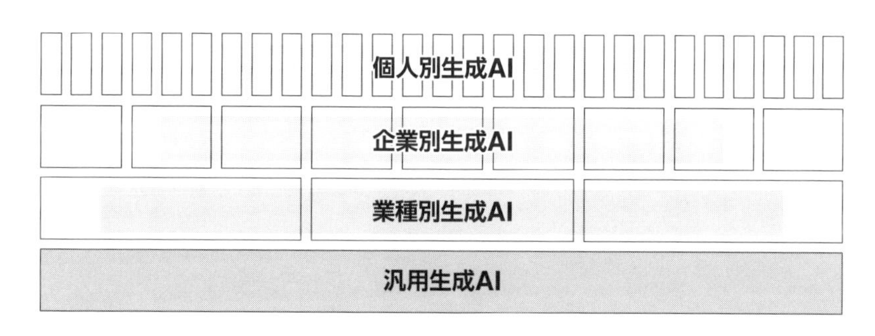

図9.2 用途特化型の生成AI

Column

小規模言語モデルの普及

GPTのモデルサイズ（パラメータ数）は、GPT-3で175B（Billion）、GPT-3.5で355B、GPT-4は非公開ですが、さらに増えていると考えられます。これはモデルサイズが増えれば増えるほど、また学習データ量が増えれば増えるほど、モデルの精度が向上することが経験的に知られているためです。

一方で、オープンソースのLLMは、7B、13B、70Bなど比較的少ないパラメータ数となっています。パラメータ数の少ないLLMは、オンプレミス環境で動作（推論）させる場合も、ファインチューニングや追加事前学習などで用途特化型のモデルを構築する場合も、必要な計算機リソースが比較的少くて済むという利点があります。例えばMeta社が開発したLlama2は、ELYZA社のELYZA-japanese-Llama-2-7b/13bや、東工大と産総研の研究チームが開発したSwallowのベースモデルとして用いられ、日本語データを学習させることで日本語性能を向上させています。

ChatGPTのような巨大で汎用性の高い生成AIですべてをまかなうのか、小規模で特化型のモデルを組み合わせて使うのか、今後のモデルの進化と用途に応じて適切な使い分けが必要になると思われます。

Column

プロンプトの長さの増加

生成AIに入力可能なプロンプトの長さ（コンテキスト長）は、利用するモデルごとに決まっています。GPT-3.5ではコンテキスト長が4kトークンと16kトークンの2種類のモデルがあります。GPT-4では8k/32kトークンに増え、GPT-4 turboでは128kトークンまで増加しています。プロンプトには、RAGで抽出された文章や、これまでの対話の履歴などを入力するのにも使われるため、コンテキスト長が短いと抽出する文章数を限定したり、対話履歴を途中で打ち切るなどしないと入りきらなくなります。コンテキスト長を長くすることで、複雑な議論についても一貫性を持って回答できるようになることが期待されます。

Microsoft Research社は、1Bトークンのコンテキスト長を持つLongNetという大規模言語モデルを発表しています。ここまでコンテキスト長が大きいと、社内文書をまるごと入力するような使い方も可能です。

一方で、プロンプトに余計な情報を与えると良い回答が得られないことがあるというのも事実です。コンテキスト長が大きくなったとしても、プロンプトの最適化は依然必要になると思われます。

9.1.4 あらゆる作業時間の削減へ

企業で活用するあらゆるシステムと人のインタフェースが、生成AI中心になる可能性があります。従来は何か作業が発生すると、そもそも何のシステムを使うべきか調べたり、マニュアルを読んだりしていました。また、UIが使いづらい場合なども多く、人間がシステムの都合に合わせて駆使していました。

今後はそれらが自然言語インタフェースで統一され、テキストや音声を入力するだけで、アウトプットが出てくる時代になると想定されます。さらに、企業別や個人別にカスタマイズされた生成AIが整備され、精度の高い回答がえられるようになります。これらを駆使することで、作業時間が極端に減り、もっと戦略に時間を割くことができるようになります(図9.3)。

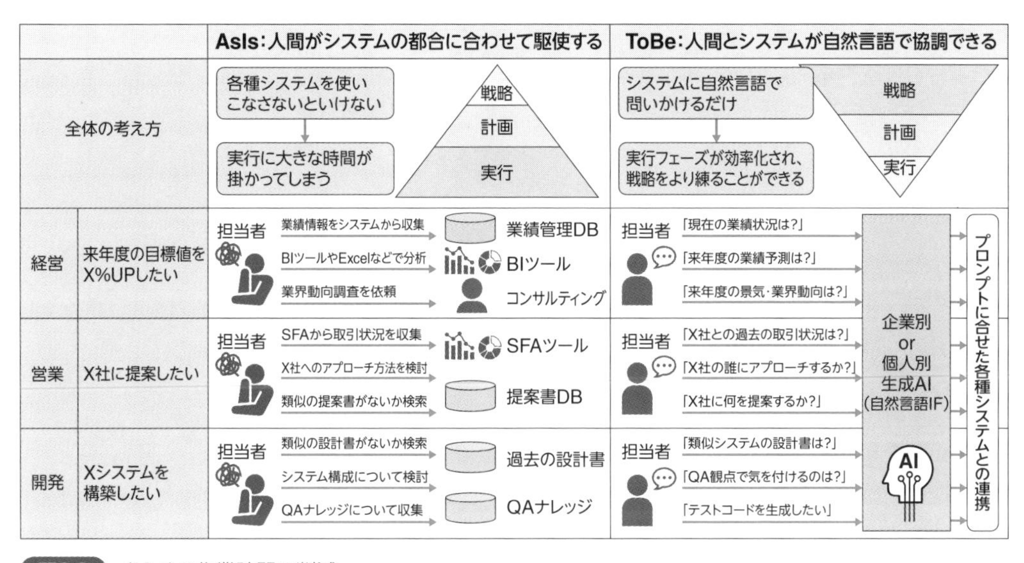

図9.3 あらゆる作業時間の削減

あとがき

生成AIは2023年から大きなブームとなりましたが、技術の進歩が速く、新しいサービスが次々に生まれています。まさに日進月歩という状態で、進化の早さに驚くことも多く、昨日までできなかったことが今日からできるようになることもあります。それゆえ、最新情報を日々キャッチアップすることが重要です。

変化が激しい状況の中、本書執筆時点(2023年12月)と読者の方々が本書を読まれるタイミングでは技術やサービスの状態が異なる可能性があります。本書では、なるべく基礎的な内容や考え方を丁寧に説明することで、今後の技術・サービスの変化を理解していけるように工夫しました。

また企業内の活用は2023年から始まっていますが、業務の中でどう生成AIを活用していくのか、今後は企業間で大きな差が生まれてくると考えています。一つの企業の中でも生成AIを「毎日使う・よく使う人」と「まったく使わない人」に分かれ、毎日使う・よく使う人は全体の1～2割に留まることも多いと言われています。このような状況の中で生成AIをうまく活用するためには、以下のような施策を継続的に打っていくことが重要になります。

- トップマネジメントの理解を得て、経営・業務改革に組み込むこと
- 業務プロセスの中に組み込むこと
- 日常業務にうまく組み込むこと
- 多くの従業員が利用しやすい環境に改善し続けること
- 社内外に向けて情報発信し続けること

本書では日立グループでの取り組みをベースとし、生成AI活用に必要な事項をなるべく幅広く載せるようにしました。読者の方々の生成AI活用のお役に立てれば幸いです。

最後に、これまで多数のAI・データ分析プロジェクトに参加し、さまざまなスキルを持った方々とコラボレーションさせて頂きました。お世話になりましたお客さま、パートナーのみなさま、および日立製作所、日立グループの関係者のみなさまにはこの場を借りて感謝申し上げます。

2024年1月
執筆者代表 吉田 順

参考文献・URL

■第1章 生成AIとは

- OpenAI ChatGPT
  https://openai.com/chatgpt
- Attention Is All You Need
  https://arxiv.org/abs/1706.03762
- Microsoft Azure OpenAI Service
  https://azure.microsoft.com/ja-jp/products/ai-services/openai-service
- Amazon Bedrock
  https://aws.amazon.com/jp/bedrock/
- LangChain
  https://www.langchain.com/
- 一般社団法人 日本ディープラーニング協会による「生成AIの利用ガイドライン」
  https://www.jdla.org/document/#ai-guideline
- 東京大学の学生の皆さんへ：AIツールの授業における利用について（ver. 1.0）
  https://utelecon.adm.u-tokyo.ac.jp/docs/ai-tools-in-classes-students
- 日立製作所 Generative AIセンター
  https://www.hitachi.co.jp/New/cnews/month/2023/05/0515.pdf
- 日立製作所 Chief AI Transformation Officer
  https://www.hitachi.co.jp/New/cnews/month/2023/12/1207b.pdf

■第2章 生成AI活用に必要なこと

- Microsoft Copilot（旧Bing AI）
  https://www.microsoft.com/ja-jp/bing
- Anthropic Claude
  https://www.anthropic.com/index/claude-2
- Google Bard
  https://bard.google.com/?hl=ja
- Google Cloud Vertex AI
  https://cloud.google.com/vertex-ai
- DALL-E
  https://openai.com/dall-e-2/
- Stable Diffusion
  https://stablediffusionweb.com/
- Midjourney
  https://www.midjourney.com/explore
- Adobe Firefly Enterprise
  https://www.adobe.com/jp/products/firefly/enterprise.html

- 文化庁 令和５年度著作権セミナー「AIと著作権」
  https://www.bunka.go.jp/seisaku/chosakuken/93903601.html
- 個人情報保護委員会 令和５年度著作権セミナー「AIと著作権」
  https://www.ppc.go.jp/news/press/2023/230602kouhou/
- Bommasani et. al. On the Opportunities and Risks of Foundation Models
  https://crfm.stanford.edu/assets/report.pdf
- European Comission, Proposal for a REGULATION OF THE EUROPEAN PARLIAMENT AND OF THE COUNCIL LAYING DOWN HARMONISED RULES ON ARTIFICIAL INTELLIGENCE（ARTIFICIAL INTELLIGENCE ACT）AND AMENDING CERTAIN UNION LEGISLATIVE ACTS
  https://eur-lex.europa.eu/legal-content/EN/TXT/?uri=celex%3A52021PC0206
- European Parliament, Amendments adopted by the European Parliament on 14 June 2023 on the proposal for a regulation of the European Parliament and of the Council on laying down harmonised rules on artificial intelligence（Artificial Intelligence Act）and amending certain Union legislative acts
  https://www.europarl.europa.eu/doceo/document/TA-9-2023-0236_EN.pdf
- The White House, Executive Order on the Safe, Secure, and Trustworthy Development and Use of Artificial Intelligence
  https://www.whitehouse.gov/briefing-room/presidential-actions/2023/10/30/executive-order-on-the-safe-secure-and-trustworthy-development-and-use-of-artificial-intelligence/
- AI戦略会議 第5回 資料より 新事業者向けAIガイドライン スケルトン（案）
  https://www8.cao.go.jp/cstp/ai/ai_senryaku/5kai/gaidorain.pdf
- 広島AIプロセスに関するG7首脳声明
  https://www.mofa.go.jp/mofaj/ecm/ec/page5_000483.html
- The Bletchley Declaration by Countries Attending the AI Safety Summit
  https://www.gov.uk/government/publications/ai-safety-summit-2023-the-bletchley-declaration/the-bletchley-declaration-by-countries-attending-the-ai-safety-summit-1-2-november-2023
- 広島AIプロセスに関するG7首脳声明
  https://www.mofa.go.jp/mofaj/ecm/ec/page5_000483.html
- 日立製作所 社会イノベーション事業における AI倫理原則
  https://www.hitachi.co.jp/New/cnews/month/2021/02/0222.html
- 日立製作所 社会イノベーション事業におけるAIのガバナンスと倫理
  https://www.hitachihyoron.com/jp/archive/2020s/2021/sp/index.html
- 生成 AI 時代の DX 推進に必要な人材・スキルの考え方
  https://www.meti.go.jp/press/2023/08/20230807001/20230807001-b-1.pdf

■第3章 生成AIプロジェクトの進め方

- LLMOps
  https://www.databricks.com/jp/glossary/llmops
  https://aws.amazon.com/jp/blogs/news/fmops-llmops-operationalize-generative-ai-and-differences-with-mlops/

- Azure API Management
  https://learn.microsoft.com/ja-jp/azure/api-management/howto-use-analytics
- Amazon API Gateway
  https://docs.aws.amazon.com/ja_jp/apigateway/latest/developerguide/monitoring_automated_manual.html

■第4章 社内での一般利用
- Prompt Engineering Guide
  https://www.promptingguide.ai/jp/techniques
- Large Language Models Understand and Can be Enhanced by Emotional Stimuli
  https://arxiv.org/abs/2307.11760

■第5章 システム開発の生産性
- MySQL
  https://www.mysql.com/jp/
- FastAPI
  https://fastapi.tiangolo.com/ja/
- vue.js
  https://vuejs.org/
- StepCI
  https://stepci.com/
- Playwright
  https://playwright.dev/

■第6章 コールセンターでの活用
- ジョブポケット　保険のコールセンターで働こう
  https://jobpocket.jp/t_contents/554
- 一般社団法人 日本コールセンター協会 「2022年度 コールセンター企業 実態調査」
  https://ccaj.or.jp/telemarketing/doc/outsourcing_research_2022.pdf
- 洗濯機・衣類乾燥機：日立の家電品
  https://kadenfan.hitachi.co.jp/support/wash/item/2023.html
- OpenAI Tokenizer
  https://platform.openai.com/tokenizer
- OpenAI 料金ページ
  https://openai.com/pricing
- Azure OpenAI Service 料金ページ
  https://azure.microsoft.com/ja-jp/pricing/details/cognitive-services/openai-service/

- Amazon Bedrock 料金ページ
https://aws.amazon.com/jp/bedrock/pricing/

■第7章 社会インフラの維持・管理での活用

- 鉄道線路や車両を再現　メタバースが支える社会インフラ
https://social-innovation.hitachi/ja-jp/article/metaverse-railway/
- 鉄道メタバースで、車両設計と保守・保全の世界観を大きく変える
https://www.hitachi.co.jp/rd/sc/story/mv/index.html
- 日立製作所 現場データの収集技術や生成AIを活用した「現場拡張メタバース」を開発
https://www.hitachi.co.jp/New/cnews/month/2023/12/1218.html
- 大橋洋輝、屋代裕一、吉江豊、インダストリアルメタバース、火力原子力発電、2023
- 宇都木契 藤原貴之 松本高斉, "対象製造物の3Dデータを用いた情報共有支援メタバース",日本バーチャルリアリティ学会研究報告, Vol.28, No.CS-2, pp42-45,(2023.6)

■第8章 データサイエンティストによる活用

- Kaggle
https://www.kaggle.com/
- 実践 データ分析の教科書 現場で即戦力になるデータサイエンスの勘所
https://www.ric.co.jp/book/new-publication/detail/1875
- Kaggleで磨く 機械学習の実践力 実務xコンペが鍛えたプロの手順
https://www.ric.co.jp/book/new-publication/detail/2168

■第9章 生成AIの未来

- ELYZA-japanese-Llama-2-13b
https://note.com/elyza/n/n5d42686b60b7
- Swallow
https://tokyotech-llm.github.io/swallow-llama
- LongNet: Scaling Transformers to 1,000,000,000 Tokens
https://arxiv.org/abs/2307.02486

索引

監修者・執筆者紹介

監修者紹介

日立製作所Generative AIセンター
生成AIに対して知見を有するデータサイエンティストやAI研究者と、社内IT、セキュリティ、法務、品質保証、知的財産など業務のスペシャリストを集結し、リスクマネジメントしながら活用を推進するCoE（Center of Excellence）組織

執筆者紹介

吉田 順（よしだ じゅん）
日立製作所 Generative AIセンター長 兼 DSS Chief AI Transformation Officer（CAXO）。1998年、日立製作所入社。Webアプリケーションサーバーや SOA基盤製品、ビッグデータ処理基盤などの研究開発を経て、2012年にAI/ビッグデータの利活用を支援する「データ・アナリティクス・マイスター・サービス」を立上げ。金融・保険、製造・流通、社会インフラなどさまざまな業種の顧客に対し、多数のデータサイエンスプロジェクトを推進。データ分析組織立ち上げやデータサイエンティスト育成などにも関わる。趣味はレトロなテレビゲームで遊ぶこと。不変の面白さと時代の進化を感じている。

諸橋 政幸（もろはし まさゆき）
日立製作所 デジタルエンジニアリングビジネスユニット Data&Design DataStudio シニアデータデザインエキスパート。1999年に日立製作所へ入社。2012年に新設されたデータ分析部署に異動し、データ分析を使って顧客課題を解決する業務に従事。分析経験ゼロからスタートし、約11年間の実務経験を経て今に至る。2023年に入り、生成AI関連の仕事にも取り組んでいる。趣味で分析コンペに参加していて、Kaggle称号はMaster。Kaggle Days Championshipで第3位、SIGNATEの創薬コンペで優勝、Nishikaのレコメンドコンペで2位入賞。

小川 秀人（おがわ ひでと）
日立製作所 研究開発グループ サービスシステムイノベーションセンタ 主管研究長。1996年に日立製作所に入社以来ソフトウェア工学の研究および適用支援に従事。近年はソフトウェア開発へのAI活用およびAIプロダクトのテスト・品質保証の研究開発に取り組んでいる。共著書に『AIソフトウェアのテスト ―答のない答え合わせ[4つの手法]』『土台からしっかり学ぶ ― ソフトウェアテストのセオリー』（いずれもリックテレコム刊））など。静岡大学 客員教授。北陸先端科学技術大学院大学 産学連携客員教授。博士（情報科学）。

間瀬 正啓（ませ まさよし）
日立製作所 研究開発グループ 先端AIイノベーションセンタ メディア知能処理研究部 主任研究員。2011年、日立製作所入社。AIの説明性や公平性をはじめとする、信頼できるAIの研究開発およびAI倫理・AIガバナンスの取り組みを推進。2019-2021年、スタンフォード大学統計学科 客員研究員。

鯨井 俊宏（くじらい としひろ）
日立製作所 研究開発グループ 先端AIイノベーションセンタ メディア知能処理研究部長。1997年に日立製作所に入社し、音声認識、対話システム、リモートセンシング、強化学習の研究開発、AI倫理、AIガバナンスの社内推進などに従事。2022年より言語情報融合フォーラム（ALAGIN）幹事。博士（工学）。

中村 克行（なかむら かつゆき）
日立製作所 研究開発グループ 先端AIイノベーションセンタ 知能ビジョン研究部長。2007年、日立製作所入社。コンピュータービジョンと機械学習の研究開発、オートモティブ・インダストリ分野を中心とした社会実装、研究開発戦略の立案などを推進。2015-2016年、スタンフォード大学コンピューターサイエンス学科 客員研究員。

白井 剛（しらい つよし）
日立製作所 金融ビジネスユニット 金融戦略本部 主任技師。2001年の入社後、フロントSEとしてメガバンクの統合プロジェクトを経験、2010年に金融ソリューション部署へ所属し、2016年頃のAIブームの際に金融内のAI部署に異動しAIを活用した金融機関のビジネスプロセス改善の提案を推進。現在、フロント／業種経験を基にして各金融機関への生成AIの適用方法について進めている。

加藤 大羽（かとう だいば）
日立製作所 金融ビジネスユニット 金融戦略本部 技師。2019年の入社以来、研究開発グループで自然言語処理AIの研究開発に従事し、2023年に現部署へ異動。生成AIブームが訪れるタイミングでAI提案をリードするフロント部署へ異動となり、波に乗ることに成功。筆者の運の強さを証明している。(この紹介文はChatGPTが作成)。

神谷 明弘（かみや あきひろ）
日立製作所 デジタルエンジニアリングビジネスユニット Data&Design DataStudio 主任技師。2007年日立製作所入社。通信分野における監視制御ソフトウェアの設計開発に従事。AIを用いた異常検知システムの開発を経て、2020年に社会システム事業部のデータ分析推進部署へ異動。主に社会インフラ事業者向けのデータ分析案件の支援とパブリッククラウド活用を推進。2023年に現部署へ異動し、本格的に生成AI関連の業務に取り組んでいる。趣味は読書（漫画）とゲーム（主に対戦格闘、サバイバルホラー、RPG)。新しいことが好き。

奥田 太郎（おくだ たろう）
日立製作所 デジタルエンジニアリングビジネスユニット Data&Design DataStudio 技師。2020年日立製作所入社後、AIモデルの推論機能を簡単にデプロイするためのクラウドアーキテクチャーを設計、開発に従事。現在は生成AIを活用した業務アプリケーションのプロトタイプ開発を推進している。

渡邉 理沙（わたなべ りさ）
日立製作所 デジタルエンジニアリングビジネスユニット Data&Design DataStudio 総合職研修員。大学院では、発電機や送電線のデータに基づく異常予兆検知について研究。2022年入社後は、電力需要量予測AIモデル構築や生成AIを用いた技術検証を担当。好きな物はコーラ。

片渕 凌也（かたふち りょうや）
日立製作所 デジタルエンジニアリングビジネスユニット Data&Design DataStudio 総合職研修員。大学院では、自然科学や産業分野におけるデータサイエンスの応用をテーマに研究。2022年の入社以来、街の再開発に向けた人流データ分析や工場向けデータ分析ツールの開発を担当。2023年以降、生成AIを用いた業務効率化や技術検証を中心にプロジェクトを推進している。

実践　生成AIの教科書
実績豊富な活用事例とノウハウで学ぶ

© 株式会社 日立製作所 Generative AIセンター 2024

2024年3月25日　第1版第1刷発行
2024年4月15日　第1版第2刷発行
2024年5月10日　第1版第3刷発行
2024年8月6日　第1版第4刷発行

監　修　株式会社 日立製作所 Generative AIセンター

発行人　新関卓哉
企画担当　蒲生達佳
編集担当　松本昭彦
発行所　株式会社リックテレコム
〒113-0034 東京都文京区湯島3-7-7
振替　00160-0-133646
電話　03(3834)8380(代表)
URL　https://www.ric.co.jp/

装　丁　株式会社トップスタジオ
DTP制作　QUARTER 浜田房二
印刷・製本　シナノ印刷株式会社

定価はカバーに表示してあります。
本書の全部または一部について、無断で複写・複製・転載・電子ファイル化等を行うことは著作権法の定める例外を除き禁じられています。

●訂正等
本書の記載内容には万全を期しておりますが、万一誤りや情報内容の変更が生じた場合には、当社ホームページの正誤表サイトに掲載しますので、下記よりご確認下さい。
*正誤表サイトURL
https://www.ric.co.jp/book/errata-list/1

●本書の内容に関するお問い合わせ
FAXまたは下記のWebサイトにて受け付けます。回答に万全を期すため、電話でのご質問にはお答えできませんので ご了承ください。
・FAX:03-3834-8043
・読者お問い合わせサイト：https://www.ric.co.jp/book/のページから「書籍内容についてのお問い合わせ」をクリックしてください。

製本には細心の注意を払っておりますが、万一、乱丁・落丁（ページの乱れや抜け）がございましたら、当該書籍をお送りください。送料当社負担にてお取り替え致します。

ISBN978-4-86594-398-6　Printed in Japan